Benamar Cheba

BIOTECNOLOGIA DA QUITINA, QUITOSANA E QUITINASES

Benamar Cheba

BIOTECNOLOGIA DA QUITINA, QUITOSANA E QUITINASES

Química, propriedades, produção e biotecnologia

ScienciaScripts

BIOTECNOLOGIA DA QUITINA, QUITOSANA, E QUITINASES

Por

Dr. Cheba Ben-Amar

Jouf Universidade- Arábia Saudita
Universidade de Ciências e Tecnologia de Oran (USTOMB)-Argélia

Dedicação

Dedico este trabalho

À minha querida esposa, filhos encantadores,

pais magníficos, e a todos na minha família

pela sua ajuda, amor, paciência e apoio.

Ben Amar

Agradecimentos

Todos os agradecimentos e gratidão são devidos à ALLAH*, a beneficente e a misericordiosa por abençoar, apoiar e orientar em cada passo da nossa vida e sem ele este trabalho nunca viu a luz.*

Gostaria de expressar os meus mais calorosos agradecimentos aos meus colegas e a todos os membros do laboratório e departamento de Biotecnologia pela sua inegável ajuda, cooperação e apoio.

Devo os meus sinceros agradecimentos e especial gratidão à minha querida esposa pelo cuidado, apoio, ajuda contínua e paciência infinita e profundo agradecimento também aos meus adoráveis e bonitos filhos Abed ALLAH, Hager, Abed Rahman e Safiya.
Por último mas não menos importante, estou em dívida para com os meus magníficos pais, irmãos, irmãs e todos os membros da família pelo seu apoio sem fim e estes estavam sempre a encorajar-me e a rezar por mim.

Ben Amar Cheba

Índice

Lista de abreviaturas

RAA	Reacção Anticorpo-Antigénio
Abdominais	Absorvência
AC	Centrífuga analítica
AMC	Acetil metil carbinol
ATCC	Colecção Cultura Tipo Americana
BSA	Albumina de Soro Bovino
BLAST	Ferramenta Básica de Pesquisa de Alinhamento Local
CFS	Sobrenadante sem células
UFC	Unidade de Formação de Colónias
CMC	Carboxi Metilcelulose
CMCH	Carboxi Metil Quitina
COS	Chito Oligo Saccharides
DDA	Grau de desactualização
ddNTPS	Dideoxy Nucleotide Tri-Fosfato
DEAE	Di Ethyl Amino Ethyl
DMF	Di Metil Formamida
DMS	Sulfóxido de dimetilo
DNSA	Ácido dinitro salicílico
DP	Grau de polimerização
DTNB	Di Thio bis Ácido Nitro Benzóico
TDT	Di Thio Threitol
EDTA	Etileno Diamina Tetra Ácido Acético
EGC	Etileno Glicol Chitina
FPLC	Cromatografia Líquida de Rápido Desempenho
GC	Glycol Chitin
GLc	Glucosamina
GLc NAc	N-acetilglucosamina ou NAG
VIH	Vírus da Imunodeficiência Humana
HPLC	Cromatografia Líquida de Desempenho em Altura
IEF	Iso Electro Focusing
Kbp	Pares de base de quilos

Kcat	Constante de catálise
KDa	Kilo Dalton
Ki	Constante de inibição
Km	Michaelis constante
MOF	Fermentação por Oxidação Marinha
MR	Vermelho de Metilo
MU	4 Metil Umbeliferil
NBS	N. Bromossuccinamida
O-F	Fermentação por oxidação
OVAT	Uma variável de cada vez
PÁGINA	Electroforese de Gel de Poli-acrilamida
PCR	Reacção em cadeia da polimerase
PEG	Polietilenoglicol
PMSF	Fluoreto de Fenil Metano Sulfonil
SAB	Buffer de aplicação de amostras
SCP	Proteína de célula única
SDS	Sulfato de Dodecilo de Sódio
SEM	Microscopia Electrónica de Digitalização
SET	Sacarose Tris EDTA
TBE	Tris Borate EDTA
TE	Tris EDTA
TEM	Microscopia Electrónica de Transmissão
TEMED	N, N, N, N, Tetra Metil Etileno Diamina
Tris	Tris - (Hidroxi Metilo) - Amino Metano
TVC	Contagem total viável
Vmax	Velocidade máxima de reacção
VP	Voges-Proskauer
λ	Lambda

I. Introdução

Chitin, a β- (1-4) homopolímero de N-acetil - D- glucosamina (Glc Nac), é o segundo polissacarídeo mais abundante existente na natureza depois da celulose. É um componente estrutural importante da maioria dos sistemas biológicos tais como moluscos, insectos, crustáceos, fungos, algas e invertebrados marinhos. Cerca de ^{1011} toneladas de quitina são produzidas anualmente apenas na biosfera aquática. A quitina e os seus derivados são de interesse comercial e biotecnológico porque têm várias actividades biológicas e uma vasta gama de aplicações em áreas que vão desde o tratamento de águas residuais a utilizações biomédicas e agroquímicas. São utilizados na produção de papel, acabamentos têxteis, produtos fotográficos, cimentos, quelação de metais pesados, cosmética, indústria alimentar e da madeira.

As enzimas responsáveis pela degradação e modificação da quitina são as quitinases (E.C.3.2.1.14), que se encontram em diversos organismos tais como vírus, bactérias, fungos, actinomicetos, leveduras, plantas, protozoários, celentrados, nematódeos, moluscos, artrópodes e também em seres humanos. Durante a última década, as quitinases receberam uma atenção acrescida devido à sua gama mais vasta de aplicações biotecnológicas, especialmente no controlo biológico de fitopatógenos fúngicos e insectos nocivos. Também têm sido utilizadas como vacina, antitumor, marcador tumoral e biomarcador útil na doença de Gaucher e utilizadas na preparação de esphaeroplastos e protoplastos de leveduras e espécies fúngicas que podem ser utilizados para a melhoria da estirpe.

Outras aplicações das quitinases são a produção de oligossacarídeos puros e as bioconversões de resíduos quitínicos em proteínas monocelulares e etanol, rações animais e fertilizantes. Os oligómeros de tamanho específico foram sintetizados pela actividade de transglicose das quitinases. Os complexos de ouro coloidal da quitinase têm sido utilizados para a localização imuno - citoquímica e citoquímica da quitina nos sistemas biológicos.

Para além das potenciais aplicações da própria quitinase, verificou-se que os quito-oligosacáridos [(GLcNAc)$_n$] funcionam como agentes antimicrobianos, indutores de lisozimas e imuno-alimentadores. Além disso, para estes interesses biológicos, a preparação de quito-oligossacarídeos está a tornar-se um dos novos alvos na indústria dos hidratos de carbono.

II. Objectivo do livro

O objectivo deste livro é discutir quitina, quitosana e quitinases, química, propriedades e produção, bem como resumir todas as suas possíveis aplicações biotecnológicas.

III.   Revisão de literatura

3.1. Quitina / compostos de quitosano

3.1.1. Definição de quitina / quitosana e antecedentes históricos

A **quitina** é um polímero β (1-4) de N-acetil-D-glucosamina e o principal componente estrutural do exoesqueleto de invertebrados, cutículas de insectos, e as paredes celulares de fungos. É considerado como uma importante fonte renovável e o segundo biopolímero mais abundante na terra depois da celulose. É produzido aproximadamente a níveis superiores a ^{1011} toneladas anuais na biosfera aquática Por exemplo, os copépodes, uma única subclasse de zooplâncton marinho só produz biliões de toneladas de quitina anualmente [1]. Em 1811, a quitina foi encontrada pela primeira vez em cogumelos pelo Professor Henri Bracannot, botânico francês e director de jardins botânicos na academia de ciências de Nancy. Em 1823, a quitina foi isolada dos insectos e recebeu o seu nome quando outro cientista francês, A. Odier lhe chamou "quitina", que significa simplesmente "túnica" ou "cobertura" em grego [2]. Em 1859, C. Roughet um químico descobriu que a quitina podia ser transferida para a forma solúvel em água através de algumas reacções químicas. Depois disso, em 1870, esta quitina modificada foi denominada quitosana [3].

Apesar da descoberta precoce da quitina, a investigação sobre ela só se tornou mais intensiva nos últimos 20 anos. Isto pode ser atribuído ao facto de a quitina na sua forma pura ser insolúvel em água; no entanto, as suas utilizações são consideravelmente alargadas após tratamento químico.

3.1.2. Estrutura quitina / quitosana

A **quitina** é um homo polímero linear e altamente cristalino de β-1, 4 N- acetil glucosamina (GlcNAc). Anteriormente, foi designada "celulose animal" porque é estruturalmente semelhante à celulose. Excepto que os grupos hidroxil tinham sido substituídos por grupos acetamídicos na posição C-2 Figura (1). A quitina consiste em β-1, 4 - resíduos ligados de N-acetil glucosamina que estão dispostos em filamentos antiparalelos (α), paralelos (β) ou mistos (γ), sendo a configuração (α) os mais abundantes. Na maioria dos organismos, a quitina está cruzada com outros componentes estruturais, tais como proteínas e glucanos [4] com excepção de β. A quitina de alguma diatomácea cêntrica (chitan) como a *Thalassiosira fluviatilis* produz espinhas radiantes totalmente acetiladas e a forma purista da quitina conhecida na natureza e não ligada a outros componentes extracelulares [5].

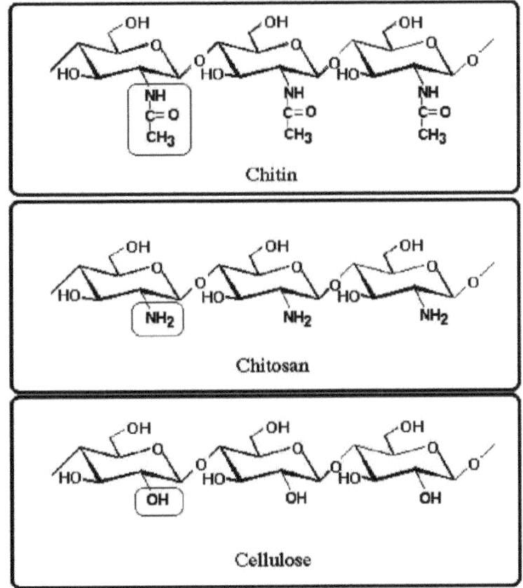

Figura (1) Estrutura da quitina, quitosana e celulose

3.1.3. Ocorrência de quitina / quitosana e potenciais fontes

A quitina ocorre numa grande variedade de espécies, desde ciliados, amebas, crisófitas, algumas algas, leveduras e fungos até aos animais inferiores como crustáceos, vermes, insectos e moluscos. Vertebrados, plantas e procariotas não contêm quitina [6]. No entanto, Goody 1995[7] relatou a presença de quitina em muitos esporos de *Streptomycete* e caules de bactérias prostectas. As conchas de artrópodes contêm 20-55% de quitina numa base de peso seco. De um ponto de vista prático, conchas de crustáceos como caranguejos e camarões são resíduos muito disponíveis das indústrias de processamento de frutos do mar. Podem ser utilizados para a produção comercial de quitina. Camarão, krill, squilla, lagosta, lagosta, lagostim, geleia, choco (lula), ostras, amêijoas, insectos e fungos são outras fontes potenciais para a produção de quitina. O quitosano existe naturalmente apenas em algumas espécies de fungos como zigomicetos e mucorales como *Absidia coerulae* [8], mas praticamente quitosano preparado por deacetilação de quitina [9].

3.1.4. Processamento de quitina/quitosana e gestão de resíduos de crustáceos

3.1.4.1 Processamento de quitina / quitosana

A quitina é facilmente extraída de conchas de caranguejo ou camarão e micélios fúngicos, no primeiro caso a produção de quitina está associada ao fabrico de alimentos do mar, tais como conservas de camarão. No segundo caso, a produção de complexos quitosano-glucano está associada a processos de fermentação, como a produção de ácido cítrico a partir de *Aspergillus niger, Mucor rouxii* e tinta antraquinona vermelha a partir de *Penicillium oxalicum*[10]. O tratamento alcalino do micélio colhido remove simultaneamente proteínas e deacetylates quitina. O processamento das conchas dos crustáceos envolve a desmineralização do carbonato de cálcio com HCl e a desprotenização com NaOH. A quitina resultante é desacetilada em 40% NaOH a 120 °C durante 1-3h para produzir 70% de quitosano desacetilado (Figura 2).

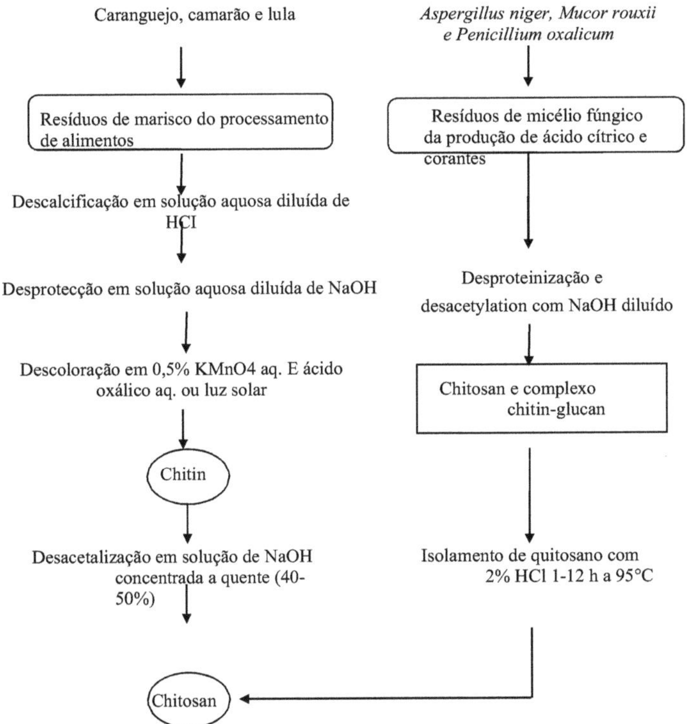

Figura (2) Processamento de quitina / quitosano de resíduos de crustáceos e micélio fúngico

3.1.4.2 Gestão de resíduos de crustáceos

Para produzir 1Kg de 70% de quitosano desacetilado a partir de conchas de camarão, 6,3 Kg de HCl e

São necessários 1,8 Kg de NaOH para além de azoto, água de processo (0,5 t) e água de arrefecimento (0,9 t). Para além do elevado custo deste método, o tratamento químico também cria um problema de eliminação dos resíduos. Além disso, o valor do líquido de desproteinização é reduzido pela presença de hidróxido de sódio. Os inconvenientes deste tratamento químico foram fortemente identificados os requisitos para um método alternativo (método biológico; bactérias ou enzimas) [11,

12] O tratamento biológico de resíduos quitínicos oferece algumas vantagens em relação ao tratamento químico

como a relação custo-eficácia, segurança, eco-amizade e maximização da utilização de resíduos de crustáceos. O tratamento biológico de resíduos quitinosos resulta na produção de numerosos produtos valiosos como pigmentos, lípidos, quitooligossacarídeos e hidrolisados de proteínas. Estes produtos podem ser utilizados como alimento para peixes ou animais, produção de muitas enzimas e construção de novas indústrias (Figura 3).

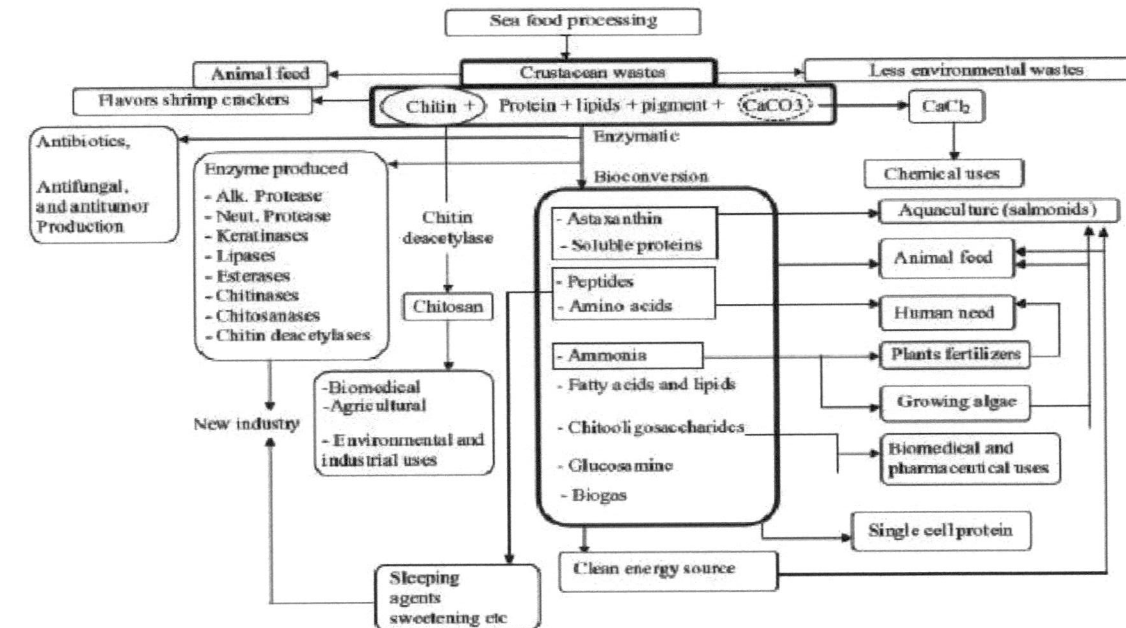

Figure (3) Schematic representation illustrate possible utilizations of crustacean wastes

3.1.5 Propriedades de quitina / quitosano

3.1.5.1 Chitina / quitosana propriedades físico-químicas

1. Cor e aspecto: a quitina é incolor a esbranquiçada, dura, inelástica, polissacarídeo azotado.

2. Grau de polimerização (DP): variando entre 2000 e 4000

3. Grau de desactualização (DDA): Os graus de desacetilação em quitina variam geralmente entre 5-15% e em quitosano entre 70-95%, o maior grau de acetilação (DA) de quitina a menor solubilidade em solventes comuns.

4. Cristalinidade: é a ligação de hidrogénio formada entre os fios dispostos da quitina, quanto maior for a cristalinidade maior será a estabilidade das moléculas de quitina, e o grau de cristalinidade é uma função do grau de desacetalização.

5. Peso molecular: o peso molecular médio da quitina varia de $1,03 \times 10^{6}$ a $2,5 \times 10^{6}$ Dalton, mas a conversão da quitina em quitosano por desacetilação reduz a 1×10^{5} a 5×10^{5} [13].

6. Solubilidade: a quitina é hidrofóbica (insolúvel em água), bem como na maioria dos solventes orgânicos. Em contraste, a quitosana é solúvel em ácidos orgânicos diluídos a pH baixo [14].

7. Reactividade química: porque têm grupos amino e hidroxil que facilmente substituem por outros grupos.

8. Processabilidade: a quitina pode ser facilmente processada em géis, contas, pós, fibras, membranas, algodão, flocos, esponjas, colóides, filmes, giros e o material processado tem muito boas propriedades mecânicas [15].

9. Estabilidade: são notavelmente estáveis em soluções alcalinas concentradas, mesmo a altas temperaturas.

10. Actividade quelatante: porque são polissacáridos básicos de alta qualidade.

3.1.5.2. Propriedades biológicas da quitina / quitosana

1. Biodegradabilidade: amiga do ambiente e não tóxica ou alérgica

2. Biocompatibilidade: não têm propriedades antigénicas e, portanto, são perfeitamente compatíveis não só com os tecidos animais mas também com os tecidos vegetais.

3- Bioactividade: bacteriostática, hemostática, imunológica, analgésica, cicatrizante, anti-ulcerígena, anticolíaca, anti-inflamatória, hipourourícica, hipocholesteroloémica, actividade necrófaga radical livre, anticoagulante, anti-gastrite, antitrombogénica, antiviral, antibacteriana, antifúngica, anti-tumor, espermicida, etc[16,17,18].

3.1.6 Aplicações de quitina / quitosana

Os compostos de quitina/quitosano tinham utilizações potenciais e versáteis nos campos biomédico, agrícola, ambiental e industrial. Estas aplicações estão resumidas na Tabela (1).

Tabela (1) Campos de aplicação de quitina / quitosana e seus derivados.

Campo de aplicação	Exemplos	Referências
Medicina /veterinário	Pele artificial e vasos sanguíneos, suturas cirúrgicas, ortopedia, lentes de contacto, hemodiálise, tratamento da insuficiência renal, tumores, leucemia, hiperinsulinemia, cicatrização de feridas, regeneração óssea acelerador, controlo do vírus da SIDA, tratamento de queimaduras.	19,20,21,22, 23,g
Odontologia	Cirurgia e terapia dentária, materiais dentários, cremes dentários, inibidor de peste dentária.	24,25,26
Farmacologia e para-farmacêutica	Entrega de drogas, excipiente, diminuição da toxicidade, libertação sustentada de drogas, cotonetes, esponjas, ligaduras, gessos, filmes, fibras, agente molhante	19,27,28,29, 30,31
Dietetique	Anti-gorduras, Hipocholesterolemia, fibra dietética, perda de peso, sem valor calórico.	b,e,l,32,33,3 4
Cosmética/toiletaria	Agente hidratante, hidratante, loção de banho, rosto, mãos e corpo cremes, produtos para pele e cabelo (cremes para a pele, champôs, lacas, vernizes, sabonetes, etc.), cuidados orais, fragrâncias, e produtos de higiene pessoal masculina.	27,35,g
Biotecnologia	Imobilização de células e enzimas, matriz para cromatografia de afinidade e permeação de gel, cultura de células, substratos para enzimas, construção de biossensores, controlo de permeabilidade de membranas e inversa osmose.	27,19,36,37, 38,39, 40
Engenharia genética	O portador do gene, e o fornecimento de vacinas de ADN, protege o ADN de Degradação DNase.	41,42, ,43,44,45
Agricultura	Revestimento de sementes e frutos, fertilizante, biopesticida e fungicida, estimuladores de crescimento, estimulador das hormonas vegetais responsáveis pela raiz formação, crescimento do caule e desenvolvimento dos frutos.	27,46,i

Indústria alimentar e aditivos para rações	Conservante alimentar, antioxidante, emulsificante, espessante, estabilizante, crioprotector, clarificador, viscosificador, gelificante, extensor de sabor, animal e aditivo de alimentação de peixe.	m,46,27,19, 14

Campo de aplicação	Exemplos	Referências
Controlo da poluição ambiental	Amigo do ambiente, tratamento de processamento industrial, nuclear e alimentar resíduos, floculação, precipitação e captura de poluentes de esgotos, descontaminação e remoção de poluentes perigosos do ambiente marinho.	g,h, 4
Tratamento de águas	Quelação de iões metálicos, pesticidas, fenóis, corantes, TDT, PCB, proteínas, aminoácidos, água desintoxicante de óleos e gorduras, determinação de chumbo em amostras de água.	27,47,48
Fabrico de papel e fotografia	Filtro para purificação de água, embalagens biodegradáveis para alimentos e produtos agrícolas, tratamento de superfície, papel de dimensionamento e acabamento, papel resistente à água, papel de embrulho e papel higiénico, cartão, folhas duras, agente de melhoramento do papel, papel cromatográfico, impressão, agente de fixação para fotografia a cores, agente de enchimento, película a cores	b,c,d
Indústria têxtil	Acabamento da lã, melhoramento do tingimento, conservante têxtil e agente desodorizante, estampagem têxtil e acabamento antimicrobiano, floculantes, remoção de corantes de águas residuais têxteis.	49,50,51,52
Indústria da madeira	Adesivo para madeira, conservante, protector, fungicida, melhoria de qualidade da madeira, remediação dos resíduos de madeira.	53,54,a
Indústria cimenteira	À prova de água e repelente de água.	g
Indústrias diversas	Couro, plásticos, cigarros, e baterias de estado sólido.	55

a,b,c,d,e,f,g,h ....: referências de sítios Web citadas no final desta tese.

3.2 Enzimas de quitinases

3.2.1 Definição e diversidade das quitinases

As quitinases (E.C. 3.2.1.14) são um grupo de hidrolases glicosil que catalisam a conversão enzimática do polímero de quitina em produtos de baixo peso molecular através da hidrólise de β-1, 4 ligações glicosídicas. As quitinases são produzidas por uma vasta gama de organismos, incluindo: vírus, bactérias, arcaias, actinomicetos, leveduras, fungos, plantas, protozoários, animais e também em seres humanos (Quadro 1 Apêndice).

3.2.2 Papéis bio-ecológicos das quitinases

As quitinases desempenham papéis diferentes na natureza [56]. Bactérias, fungos e plantas insectívoras utilizam as quitinases no aspecto da nutrição. Enquanto os fungos, protozoários e invertebrados utilizam as quitinases na morfogénese. Além disso, estas enzimas são importantes no aspecto da patogénese em vírus, bactérias, fungos e protozoários. A actividade das quitinases em soro humano, plantas e vertebrados tem sido descrita. O possível papel sugerido é a defesa contra agentes patogénicos fúngicos. [57]. Além disso, estas enzimas participam em várias outras funções, tais como autólise em alguns fungos [58, 59], tolerância ao frio, geada, seca, e salinidade nas plantas, nodulação [60, 61, 62] Rhizobia

especificidade do hospedeiro [62], associação planta-mycorrizal [63] e amadurecimento de frutos [64, 65]

3.2.3 Classificação das quitinases

As quitinases podem ser classificadas em duas categorias principais:

1-Endocitinases (E.C. 3.2.1.14) clivam a quitina aleatoriamente em locais internos, gerando multimers solúveis de baixa massa molecular de Glc-NAc, tais como quitotetraose, quitotriose e os dímeros diacetilcitobiose [66].

2- As exochitinases podem ser divididas em duas subcategorias;

- Chitobiosidases (E.C. 3.2.1.29) [67], que catalisam a libertação progressiva da di-acetil quitobiose a partir da extremidade não redutora da micro-fibril de quitina, e 1-4- β-N-acetyl glucosaminidases (EC 3.2.1.30), que clivamam os produtos oligoméricos de endoquitinases e quitobiosidases gerando monómeros de Glc-NAc[66]. Com base na semelhança da sequência de aminoácidos das quitinases de vários organismos, foram propostas cinco classes de quitinases. Henrissat (1991) [68] agrupou-as em três famílias 18, 19 e 20. Ambas as famílias 18 e 19 são compostas por endoquitinases de diferentes fontes, tais como vírus, bactérias, fungos, insectos e plantas. A família 19 contém as classes I, II e IV de origem vegetal, enquanto a família 20 contém as enzimas N- acetil glucosaminidase (E.C. 3.2.1.30) de *Vibrio harveyi* e N-acetil hexosaminidases (E.C. 3.2.1.52) de humana e *Dictyostelium discoideum*.

As hidrolases glicosil da família 18 incluindo as classes III e V são de origem bacteriana. As quitinases da classe III são principalmente de origem vegetal e fúngica e contêm a lisozima bifuncional / enzima quitinase de *Havea brasiliensis*[69] e de *Pseudomonas aeruginosa* K-189 [70]. A classe V é composta principalmente de quitinases bacterianas. No entanto, duas proteínas de classe V com actividade endoquitinase semelhante às quitinases bacterianas foram isoladas do tabaco [71].

3.2.4 Estrutura molecular das quitinases

Normalmente, as quitinases são compostas de pelo menos três domínios funcionais, um domínio catalítico, um domínio de ligação à quitina e um domínio de fibronectina tipo III ou domínio tipo cadherin [72, 73, 74]. Figura (4). Os domínios catalíticos das 18 quitinases da família (a maioria das bactérias quitinolíticas) têm (β

/ α)$_8$ dobras de barril, enquanto que as 19 quitinases da família (espécies Streptomyces) têm elevado conteúdo α-helical e têm semelhança estrutural com a quitosanase e a lisozima. Para além da diferença na estrutura 3D, foram encontradas muitas diferenças entre as características enzimáticas das duas famílias.

3.2.5 Mecanismo catalítico de quitinases

A eliminação do domínio de fibronecção tipo III não afectou a ligação da quitina, mas diminuiu a actividade de hidrolisação para substratos insolúveis como a quitina coloidal Figura (3). Além disso, o domínio de tipo III poderia possivelmente estar envolvido no mecanismo exo-hidróltico. Outros estudos de mutagénese dirigidos ao local indicaram que o Glu-184 e o Glu-315 foram identificados como os resíduos donativos de prótons envolvidos na catálise ácido-base de *Serratia* Chi A e *Clostridium paraputrificum* Chi B, respectivamente [72]. Em *Bacillus circulans* chitinase A1, Asp-200 e Glu-204 parecem estar directamente envolvidos na estratégia catalítica [74]. Tanto o ácido aspártico como os resíduos de ácido glutâmico foram também essenciais na catálise de quitinase da bactéria marinha *Alteromonas* sp. estirpe 0-7[75] e para a classe III da quitinase de levedura. Além disso, os aminoácidos aromáticos tirosina e triptofano foram altamente conservados nas quitinases bacterianas vegetais e marinhas e estiveram envolvidos na ligação hidrofóbica aos substratos e no processo de catálise [76, 77].

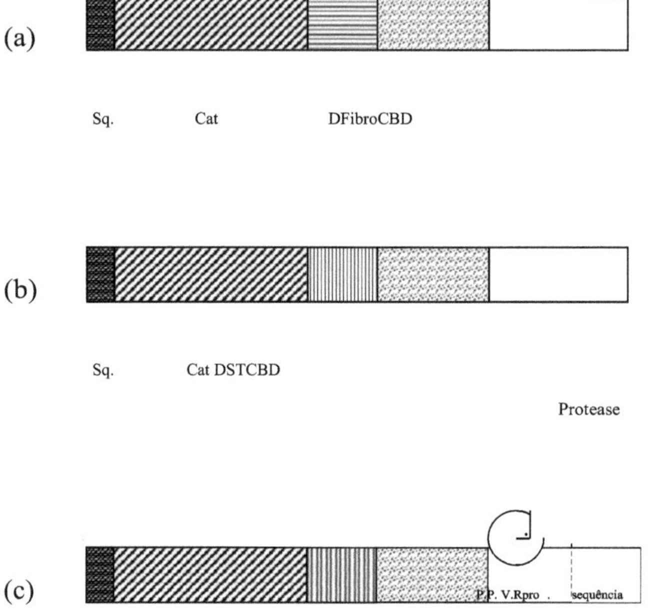

Figura (4) Representação esquemática de *Bacillus circulans* chitinase Chi A1 (a), *Saccharomyces cerevisiae* CTSI (b) e *Rhizopus oligosporus* chitinase (c). Símbolos: , sequência de sinais; , domínio catalítico; , domínio de ligação da quitina; , domínio de fibronecção tipo III; , domínio Ser/Thr rico; , domínio C-terminal; PPVR: região de processamento de protease variável que explica a multiplicidade de quitinases.

3.2.6. Condições de produção das quitinases

As quitinases microbianas são na sua maioria induzíveis intracelulares e muito influenciadas por factores nutricionais e físico-químicos, tais como fontes de carbono e azoto, pH, temperatura, sais inorgânicos, agitação, concentração de oxigénio dissolvido e período de incubação. Uma lista de várias condições de produção utilizadas com diferentes microorganismos é apresentada na Tabela (2). Os principais factores para a expressão da actividade das quitinases sempre foram o tipo e a forma da quitina e a fonte de carbono. Geralmente, as quitinases são enzimas induzíveis; produzidas na presença de fonte quitinosa como a quitina coloidal, a quitina cristalina ou o camarão ou caranguejo em pó. A produção de quitinases de *Bacillus licheniformis* x-7u foi significativamente influenciada pela adição de 0,5% de N-acetil glucosamina [78]. Enquanto que as quitinases de *Vibrio alginolyticus* H-8 e *Salinivibio costicola* estirpe 5SH-1 são melhoradas pela adição de 0,6% e 1%, respectivamente [79, 80].

3.2.7. Ensaios de quitinases

Foram desenvolvidas várias técnicas e métodos para a determinação da actividade quitinolítica. Muitos substratos solúveis e insolúveis específicos estão comercialmente disponíveis Tabela (3). Todos os procedimentos dos ensaios de quitinases baseiam-se na medição quer do desaparecimento do substrato quer do aspecto do produto e os métodos mais sensíveis utilizam substratos [3H-citina] e fluorogénicos [81, 82].

3.2.8. Estratégias de purificação das quitinases

As quitinases de várias fontes foram purificadas utilizando as técnicas convencionais de purificação de proteínas como o fraccionamento de sulfato de amónio, a cromatografia de troca iónica e a filtração em gel. Os dados da actividade específica, rendimento e prega de purificação das quitinases purificadas de diferentes fontes foram mencionados na Tabela (4). As quitinases de *Serratia marcescens* e *Bacillus* sp. x-b foram purificadas por afinidade por lotes de quitinases coloidais [83,84], enquanto as quitinases de *Bacillus* sp. BG-11 e *Bacillus* sp. estirpe MH1 foram purificadas por afinidade de ligação de quitinas [85,86].

Tabela (2) Condições de produção da quitinase

Fonte/ Referência	Meio de produção	Modo de produção (I) ou (C)	pH	Temperatura (°C)	Agitação (rpm)	Período de incubação (dia)	Indutor (substrato)	Observações
Cepa *Acinetobacter* sp. CHB 101 (87)	M 9 quitosano médio ± 0,25% com D. A de 30% ou ± 0,2% de glucose ou glucosamina	C	5.6	25	150	7 dias	--------	Chitosanase
Aeromonas schubertii (88)	0,35% K2H PO4 ,0,1% Mg SO4. 7H2O, 0,15% KH2 PO4 , 0,1% levedura extracto, 0,1% typton, 1% chitin	I	4.8	28	ND	4 dias	Pó de quitina	--------
Alteromonas sp. estirpe 0-7 (89)	Agua do mar artificial + 5 g/l Bactopeptona , 1 extracto de levedura , 5 coloidais chitin	I	7.6-7.8	27	200	1 dia	Quitina coloidal	--------
Bacillus cereus (90)	M 9 médio + 0,25% de quitina coloidal	I	ND	30	ND	6 dias	Quitina coloidal	5distintas de quitinases isoformas produzidas
Bacillus circulans wL-12 (91)	Yeast nitrogen base (YNB) meio (Difco) + 0,2% quitina + 0,5% levedura extracto	I	ND	30	ND	1-4 dias	Chitin	6distintas de quitinases isoformas produzidas
Bacillus licheniformis X-7u (78)	0,5% quitina coloidal 0,5% GlcNAc , 0,1% extracto de levedura, 0,05% MgSO4 0,31% Na2HPO4 . 12H2O, 0,2%NH4NO3, 0,1% KH2PO4, 0,05% NaCl , 0,01% CaCl2. 2H2O	I	7	50	ND	2 dias	Quitina coloidal	4 quitinases termoestáveis distintas
Bacillus pabuli K1(92)	1,5K2HPO4,1,5KH2 PO 0,7 Mg SO4 .7H2O ,0.5 NaCl, 0,5KCl, 0,15 CaCl2 . 2H2O, 0,5 extracto de levedura + 0,15 quitina coloidal da carapaça de caranguejo (sigma)	I	8	30	200	35h	Quitina coloidal	Oxigénio inicial10% e aw >0.99
Bacillus sp. BG-11 (85)	1% de quitina inchada, 0,5% de glucose, 025% de extracto de levedura, 0,25% de cosaminoácidos, 0,5% de NaCl , 0,1%KH2PO4 , 0,01% de Mg SO4 . 7H2O, 0,1% (v/v) extracto de solo	C	8.5	50	0	3 dias	Quitina inchada	Tamanho do inoculum 2%
Bacillus sp. MET 1299 (93)	Caldo L-B	C	7	30	ND	1 dia	--------	Chitosanase
Bacillus sp. NCTU2 (94)	M 9 média +1% quitina coloidal	I	6.5	37	ND	3 dias	Quitina coloidal	Tamanho do inoculum 1%
Bacillus sp. estirpe MH-1 (86)	0,5% quitina coloidal, 0,7% (NH4)₂ SO4 , 0,1% K2HPO4, 0,1% NaCl, 0,01% MgSO4. 7H2O, 0,05% extracto de levedura, 1% extracto de composto + 0,03% (2,6-0- dimetil) β- ciclodextrina (DMCD)	I		58	ND	3-4 dias	Quitina coloidal	3 endoquitinases termoestáveis
Bacillus sp. X-b (84)	0,3% polipéptoona , 0,1% licor de milho ingreme , 0,1% KH2PO4, 0,1% K2HPO4 . 3H2O, 0,05% MgSO4. 7H2O, 0,3% CaCl2. 2H2O+ 1%. quitina coloidal ir 0,5% corpos de fruta desintegrados de *Macrolepiota procera* ou 0,5% parede celular parcialmente purificada de *Polyporus squamosus*	I	6.5-6.7	37	165	3 dias	Quitina coloidal ou parede celular de *M. procera*	Produzir quitinase e quitosanase
Bacills sp.13.26 (95)	07% (NH4)₂ SO4, 0,1% K2HPO4, 0,1% NaCl, 0,01% MgSO4. 7H2O, 0,05% extracto de levedura ,0,1% bacto trypton + 0,5% quitina coloidal	I	7	55	120	3 dias	Quitina coloidal	Tamanho do inoculum 10%
Bacillus stearothermophilus CH-4 (96)	0,2% acetato de sódio , 0,6% (NH4)₂ SO4 ,0,1% K2HPO4, 0,1% NaCl, 0.01% MgSO4.7H2O ,0.01% extracto de levedura +2% extracto de composto contendo quitina	I	ND	58	ND	1 dia	Composto de quitina	Exochitinase termoestável
Cellulomonas flavigena NTOU1 (97)	1% de casca de camarão em pó, 0,1% KH2PO4, 05% NaCl, 0,1% pectina, 0,01% CaCl2, 0,05% MgSO4. 7H2O, 0,5% extracto de levedura	I	8	30	120	4-5 dias	Concha de camarão pó	1% do tamanho do inóculo
Enterobacter sp. NRG4 (98)	0,1% quitina inchada 0,05% extracto de levedura, 0,5% peptona, 0,1% KH2PO4 e 0,01% MgSO4. 7H2O	I	8	30	150	3 dias	Quitina inchada	--------
Pantoea dispersa (99)	0,5% de quitina inchada, 0,05% de extracto de levedura, 0,1% (NH4)₂ SO4, 0,06% MgSO4. 7H2O e 0,136 KH2PO4	I	7.2	30 ± 2	180	144h	Quitina inchada	5% de inóculo (10^8 UFC/ml)
Pseudomonas aeruginosa K -187 (70)	3% SCSP ,0,1% CMC, 0,1% (NH4)₂ SO4, 0,1% K2HPO4, 0,1 MgSO4. 7H2O, 0,1% ZnSO4. 7H2O	I	9	45	ND	3 dias	Camarão e caranguejo pó de concha	A enzima purificada tinha actividade antibacteriana

Salinivibrio costicola estirpe 5S M-1 (80)	LB NaCl (1% de trípton , 0,5% de extracto de levedura + 3% de NaCl) ± coloidal quitina 0,1% ou 1% de glicose	C	7	30	ND	1 dia	--------	Enzima constitutiva

Tabela (2) Condições de produção da quitinase. (Continuar)

Fonte/ Referência	Meio de produção	modo de produção (I) ou (C)	pH	Temperatura (°C)	Agitação (rpm)	Período de incubação (dia)	Indutor (substrato)	Observações
Vibrio alginolyticus H-8 (79)	75% de água do mar, 0,5% de quitina de lula, 0,6% de glucose, 0,75% peptona 0,02% K2HPO4, 0,2% extracto de levedura	I	7	30	ND	1 dia	Quitina de lula	--------
Vibrio carchariae (100)	Marina média + 2,5% de quitina inchada	I	7.6	30	ND	40 h	Quitina inchada	--------
Cepa *Xanthomonas* sp. AK (87)	0,2% quitina em pó, 0,1% extracto de levedura, 0,1% polypepton	I	7	37	ND	1 dia	Pó de quitina	--------
Streptomyces albovinaceus S-22 (101)	0,2% de quitina coloidal, 0,05% KCl , 0,1% K2HPO4, 0,05% Mg SO4. 7H2O, 0,001% FeSO4. 7H2O	I	7	30	150	4 dias	Quitina coloidal	--------
Streptomyces sp. NK1057 (102)	10 g/l de flocos de quitina, 0.5 MgSO4, 0.2 KH2PO4, 0.3 FeSO4, 0.3 Zn SO4, 0.01 MnCl2	I	7	40	150	5 dias	Chitin flocos de caranguejo conchas	0,2% Tamanho Inoculum
Streptomyces griseus HUT 6037 (103)	0,2% de quitina coloidal, 0,05% KCl ,0,1% K2HPO4, 0,05% MgSO4 e 0,001% FeSO4	I	7	30	ND	3 dias	Quitina coloidal	--------
Streptomyces lydicus WYEC 108 (104)	Solução de sal mineral complementada com 1% coloidal chitin	I	7	25 – 30	250	5 dias	Caranguejo com concha coloidal chitin	Concentração de esporos 2×105 / ml
Streptomyces thermoviolaceus OPC 520 (105)	1g/l de extracto de levedura, 5 proteose peptone, 5g de quitina coloidal, 1g K2HPO4, 0,2 MgSO4. 7H2O	I	7	50	ND	1 dia	Quitina coloidal	--------
Álbum de Aphanocladium (106)	10g de quitina cristalina ou coloidal, 8,25g (NH4)2 SO4, 0,5g MgSO4.7H2O, 0,5g KH2PO4, 0,1g Mn SO4. H2O, 0,058g Citrato de ferro (III), 0,0015g nitrilotriacetato, 0,001g CaCl2. 6H2O, 0,003g ZnCO4. 7H2O, 0,0001g CuSO4.5H2O, 0,001g KCl (SO4)2 . 12H2O, 0,0001g H3 BO3, 0,0001g H3BO3, 0,0001g Na2 MoO4. 2H2O e 4,2g de ácido 2 (n-morfolino) etanossulfônico	I	5	28	80	208h ≈ 8 dias (quitina coloidal) 340h ≈ 14 dias (quitina cristalina. cristalina)	Cristalina ou quitina coloidal	3 isoformas produzido em quitina cristalina e 9 isoformas produzido em quitina coloidal
Aspergillus sp.S1-13 (107)	0,5% de quitina coloidal 0,3 glucose, 0,1% bactopepton, 0,14% (NH4)2 SO4, 0,03% ureia, 0,03% MgSO4.7H2O e 0,1% (v/v) solução de oligoelementos (0,5% FeSO4. 7H2O, 0,16% MnSO4. 2H2O, 0,14% Zn SO4. 7H2O e 0,2% CaCl2)	I	5	25	200	7 dias	Quitina coloidal	Concentração de esporos [107] ml
Metarhizium anisopliae (108)	6g/l NaNO3 + 7 chitina +20ml de solução de sais (26g KCl, 26g Mg SO4. 7H2O, 76g KH2PO4 + 0,4 ml de solução de oligoelementos (40mg Na2 B4O7. 7H2O, 400mg CuSO4. 5H2O, 10mg FeSO4, 800mg MnSO4. 2H2O, 800mg Na2 MnO4. H2O, 800mg ZnSO4. 7H2O	I	5	28	180	144 h = 6 dias	Chitin (sigma)	Densidade celular inicial [106] esporos
Stachybotrys elegans (109)	Mínimo meio sintético (MSM) (0,5% Mg SO4. 7H2O, 0,9 K2HPO4. 0,2 KCl, 0,002 FeSO4. 7H2O, 0,002 MnSO4, 0,002 Zn SO4. O meio era suplementado com 1 mg /ml de quitina de concha de caranguejo e nitrato de sódio NaNO3	I	ND	24	115	3 dias	Chitina (concha de caranguejo) sigma	Dependendo do fonte de carbono isoformas diferentes de chitinase e β1.3 glucanase foram produzido
Trichoderma harzianum (110)	Farelo de trigo hidratado (65,7%) com solução salina (0,5% (NH4) NO3, 0,2% KH2PO4, 0,1% NaCl, 0,1% MgSO4. 7H2O) + 1% quitina coloidal + 2% extracto de levedura	I	4.5	30	ND	4 dias	Quitina coloidal	Concentração de esporos 4% [107] e inicial humidade 65,7%

Verticillium lecanii F091(111)	4,52% (p/v) de maltose, 1,79% de extracto de peptona marinha, 0,41% de pó de camarão e 0,3% de proteína de soja isolada.	I	4	24	150	6 dias	Pó de camarão	Inoculum volume 2,5% e aeração taxa 0,6 vvm.

Tabela (3) Substratos de enzimas quitinolíticas e os produtos medidos [74]

Produto medido	Substratos solúveis					Substratos insolúveis		
	CMC/EGC/ HPC	Chito-oligómeros	4-MU-oligómeros	pNP-oligómeros	CMC-RBV	Chitin	Coloidal Chitin	[acetil-3H] Chitin
1- Formação de açúcares redutores	+	+				+	+	+
2- Libertação de fluoro-/chromo... phore (electroforese)	+		+	+	+		+	
3- Formação de oligómeros (HPLC, NMR)	+	+				+	+	
4- Diminuição do grau de polimerização (viscosidade)	+							
5- Diminuição do grau de polimerização (coloração)	+					+	+	

Quadro (4) Estratégias de purificação das quitinases

Fonte / Referência	Etapas de purificação	Número de formas	Molecular massa (KDa)	Acto específico (U/mg proteína)	Rendimento (%)	Dobra de Purificação
Acinetobacter sp. estirpe CHB 101 /(113)	Sobrenadante da cultura, (NH4)₂ SO4 (0 - 80 %), CM-Sepharose, Sephadex G-100	2*	I- 37 (S DS) II- 30 (SDS)	334 800	17 16	ND ND
Aeromonas caviae / (114)	Caldo de cultura, a sua afinidade com a resina Tag. Extracto de célula, A sua afinidade com a resina Tag.	1R	100 (SDS)	3. 200 2. 640	1.1 3. 5	3 3
Aeromonas schubertii / (115)	Filtrado celular, sulfato de amónio a 90 %, IEF	4	1 75 (SDS) 2 (SDS) 3 (SDS) 4 110 (SDS)	0.89 ND	10 ND	2 ND
Alteromonas sp. estirpe 0-7 / (116 - 117 - 117 - 118)	Sobrenadante da cultura, DEAE Toyopearl 650M, Sephadex G-100, DEAE Toyopearl 650M	3	A 70 (SDS)	4. 5	23.7	4.5
	Sobrenadante da cultura, DEAE Toyopearl 650M, Sephadex G-100, Resource Q		B 35 (SDS) 90.2 (Cal)	30.8	3. 5	22
	Substrato quitinoso, 6 M de cloridrato de guanidina, DEAE-Toyopearl, filtração em gel, FPLC		C 45 (SDS)	NA	NA	NA
Bacillus cereus 6E1 /(90)	Sobrenadante da cultura, filtrado YM 100, purificação com gel nativo ácido, diolisado Chi 36	5	Chi 36 3 6 (SDS)	19.24 * 10⁵	39. 93	ND
Bacillus circulans WL-12 / (119)	Fração periplásmica, (NH4)₂ SO4 (40%), Cromatografia de troca iónica de cerâmica Q hiper D	6	A1 ᴿ 74 (SDS)	2.193	90. 6	33. 7
Bacillus licheniformis X-7 u / (78)	Filtrado de cultura, Butyl-Toyopearl 650M, Q Sepharose, Sephacryl S-200	4	I-89 (SDS) II- 76 (SDS) III- 66 (SDS) IV- 59 (SDS)	4.2 0.47 0.57 0.62	ND	ND
Bacillus sp. 13. 26 /(95)	(NH4)₂SO4 (80%), tratamento térmico (60 °C, 3 h), DEAE Sepharose CL-6B	1	60 (SDS)	268	ND	31
Bacillus sp. BG-11 / (85)	Sobrenadante livre de células, (NH4)₂SO4 (50 - 80%), ligação por afinidade com a quitina, Sephadex G-100	1	41 (SDS)	7600	15	16
Bacillus sp. MET 1299 / (93)	Filtrado de cultura, SP- Sephadex C-50	1*	52 (SDS)	476	73. 2	264
Bacillus sp. NCTU2 / (120)	Extracto bruto, coluna de interacção hidrofóbica, Sephadex G-75	1	30 (GF), 36,5 (SDS)	312	58	15. 6
Bacillus sp. estirpe MH-1 / (86)	Filtrado de cultura, afinidade de quitina (lote), cromatofocalização	3	L 71 (SDS) M 62 (SDS) S 53 (SDS)	0.547 0.472 0.641	2. 2 0. 67 1. 1	20 18 24
Bacillus sp. x-b / (84)	Sobrenadante da cultura (NH4) ₂SO4 (65%), adsorção em quitina coloidal, DEAE Sepharose	2	1 46 (SDS) 2 (SDS)	1.35 NA	2.0 NA	36 NA
Bacillus stearothermophilus CH4 / (96)	Filtrado de cultura, (NH4) ₂SO4 (80%), DEAE celulose, Butyl-Toyopearl, Sephadex 6-100, Mono-Q	1	74 (SDS), 75 (GF)	11. 7	1. 31	387
Bacillus subtillus IMR-NKI1 / (89)	(NH4) ₂SO4 (30 - 80)% , Superdex 75 HR, ultrafiltração, DEAE Sephacel	1*	36 (GF) 41 (SDS)	2819	17	6. 5
Cellulomonas flavigena NTOU1 / (97)	Filtrado de cultura, cromatografia de cartucho Q, cromatografia de interacção hidrofóbica Superdex 75 HR	1	32 (GF) 32,5 (SDS)	232. 94	5. 64	20.17
Enterobacter sp. NRG4 / (98)	Sobrenadante sem células, (NH4) ₂SO4 (30 - 75 %), DEAE Sepharose, Sephadex G 200	1	60	7783.3	31. 1	44. 12

Quadro (4) Estratégias de purificação das quitinases (continuar)

Fonte / Referência	Etapas de purificação	Número de formas	Molecular massa (KDa)		Acto específico (U/mg proteína)	Rendimento (%)	Purificação Dobrar
Pseudomonas aeruginosa K-187 / (70)	Sobrenadante da cultura, (NH4)$_2$SO$_4$ (80%), DEAE Sepharose CL-6B, (NH4)$_2$SO$_4$ (80%), Econo Pac q	2		FI 30 (SDS) 60 (GF) FII32 (SDS) 30 (GF)	1. 52 0. 88	27 7	10 6
Serratia marcescens / (83)	Cru, afinidade de lote de quitina coloidal, ultragel AC A54	5	I- 48 II- 36 III- 21 IV- 52 V- 57		5. 2 5. 2 5. 4 5. 3 NA	ND	2 – 3
Serratia marcescens BJL200 / (121)	Extracto periplosmico diluido, fenil-Sefarose HR 5/5 (FPLC)	1R	A 62		13. 3	79	ND
Streptomyces albovinaceus S-22 / (101)	Filtrado de cultura, sulfato de amónio (80%), diálise, Sephadex G200	2	I- 43 (SDS) II- 45 (SDS)		23.81 25.51	40.07 49.64	2.3 3.2
Streptomyces griseus HUT 6037/ (103)	Filtrado de cultura, ultrafiltração, DEAE Sephadex A-50, Sephadex G-100, Chaomatofocusing de P-1	3	C1 27 (GF) 44 (SDS) C2 27 (GF) 44 (SDS) C3 33 (GF) 49 (SDS)		11.2 11.5 41	0.76 0.43 0. 93	0. 66 0. 68 2.41
Streptomyces thermoviolaceus OPC-520/ (122)	Filtrado de cultura, DEAE-Toyopeol 650 M, Sephadex G75, Phenyl Toyopearl 650 M, Mono-Q HR 5/5	1	40 (SDS)		82.5	29. 9	20.6
Vibrio alginolyticus H-8 /(79)	Filtrado de cultura, quitinose bruta, * DEAE-Toyopearl 650M, Sephadex 200 HR	2	C1 81 (SDS) C3 68 (SDS)		3.3 5. 8	10 6.7	8.3 14.5
Xanthomonas sp. estirpe Ak *ch B / (87)	Sobrenadante da cultura, (NH4)2SO4 100 %, fenil Toyopearl 650 S, DEAE- Toyopearl 650M	2	A 64 (SDS) B 48 (SDS)		NA NA	NA 53	NA 16
Metarhizium anisopliae / (108)	Sulfato de amónio a 85 %. DEAE Sephacel	1	30 (SDS)		146. 00	2.74	2.5
Neurospora crassa / (123)	- Bruto, precipitação de afinidade com solução de quitosano 0,5 % (p/v) - Cru, sistema bifásico de sal PEG-chitosan	1	NA		135 172	85 86	27 34
Bolas de Puff (Cogumelo) / (123	Bruto, precipitação de afinidade com solução de quitosano 0,5 % (p/v)	1	NA		960	90	30
Rhizopus oligosporus / (124)	Filtrado de cultura, sulfato de amónio 90 %, coluna de afinidade de quitina, Sephadex G-75, DEAE-Toyopearl	2	1- 45 (GF) 50 (SDS) 2- 45 (GF) 52 (SDS)		143.13 64.15	1. 8 1.7	13. 3 6
Couve / (123)	Bruto, precipitação de afinidade com solução de quitosano 0,5 % (p/v)	1	30 (SDS)		880	82	15
Gérmen de trigo / (125)	Extracto bruto, precipitação a pH4,5, coluna de afinidade de quitina, Sephadex G50	1	30 (SDS) 33 (SA)		14.6	18	300
Soro de bovino / (126)	Soro fresco de vitelo, diálise, DEAE Sephadex A-50, Sephadex G-100, bio-gel P-150	1	47 ± 3 (GF)		60 000	0. 52	1000

GF: Filtração em gel, SDS: Sulfonato de Dodicilo de Sódio, SA: Análise de sedimentação, NA: Dados não disponíveis, ND: Não determinado, Cal: Massa molecular calculada a partir do gene, R: Quitinase recombinação, *: quitosanase, *ch: Chitinase

3.2.9. Propriedades das quitinases

Várias propriedades de quitinases de diferentes fontes foram apresentadas na Tabela (5). O peso molecular das quitinases microbianas varia de 20.000 a 120.000 Da com pouca consistência. O peso molecular das quitinases bacterianas é na sua maioria cerca de 60.000 a 110.000, enquanto as de actinomicetas são na sua maioria 30.000 Da ou inferiores e as de fungos são superiores a

30.000 e planta na sua maioria cerca de 30.000 Da. A maioria da quitinase bacteriana funciona melhor a um pH ácido ou alcalino [87, 88, 89, 127, 113, 113, 85, 116], enquanto o pH óptimo de actinomicetos [101, 94] e de quitinases fúngicas [108] são ácidos. A maioria das quitinases bacterianas têm pIs ácidos [115, 88, 79, 86], e as de actinomicetas têm pI neutro ou alcalino [103,128,129,130]. A temperatura óptima da maioria das quitinases microbianas é de cerca de 50°C [79, 115, 88,113, 85, 89].

3.2.10. Cinética de quitinases

Os valores de K_m e Vmax comunicados para as quitinases diferem de organismo para organismo e de substrato para substrato Tabela (6).

3.2.11. Inibidores e activadores de quitinases

Os co-factores não são geralmente necessários para a actividade da quitinase, mas cátions divalentes como o cálcio, o magnésio e o manganês estimulam frequentemente todas as quitinases [116, 86, 93, 127, 131]. Na+, K+ estimulam as quitinases marinhas como a de *Alteromonas* sp. estirpe 0-7[116]. Cu2+ e Zn2+ activam algumas quitinases [114, 115, 97, 96] e inibem algumas do tema [132, 115,120, 93, 105, 131]. **Outros inibidores como Hg2+, Ag+, SDS, glutatião, DTNB, Iodoacetamida......,** etc. foram listados na Tabela (7).

3.2.12. Padrão de hidrólise de quitinases

As quitinases de várias fontes apresentam diferentes padrões de acção hidrolítica, que dependem do grau de polimerização e de acetilação do substrato. A maioria das quitinases citadas na Tabela (8) eram aparentemente de natureza endo-activa, libertando predominantemente a mistura de dímeros, aparadores e oligómeros da quitina ou da quitina coloidal.

Tabela (5) Propriedades das quitinases

Fonte / Referência	Número de Formulários	Massa Molecular (KDa)	pI	pH óptimo	Temperatura óptima (°C)	pH de estabilidade	Temperatura de estabilidade (°C)	Especificidade do substrato	Observações
Acinetobacter sp. estirpe CHB101 / (113)	2*	I- 37 (SDS) II- 30 (SDS)	ND ND	5-9 5-9	65 50	ND ND	ND ND	Chitosano com D.A (20,30, 10)%) GC, quitosano D.A. (30, 20)%, quitina coloidal	Enzimas de tipo endócrino
Aeromonas caviae / (114)	1R	100 (SDS)	ND	6.25-6.5	42.5	5-7	4-42.5	Quitina de concha de caranguejo, quitina coloidal	—
Alteromonas sp. estirpe 0-7 *chA/(116) *ch B / (117)	3	A 70 (SDS) B 35 (SDS) C 45 (SDS)	3.9 ND NA	8 6 8	50 30 60	5-10 NA NA	< 40 NA NA	Quitina coloidal ND Quitina coloidal	— — —
Bacillus cereus 6 E1 *chi 36 / (90)	5	Chi36/36 (SDS)	7.5	5.8	35	2.5-8	4-70	Chitin	Exochitinose
Bacillus circulans WL-12 *ch A1 / (88)	6 (A1,A2, B1,B2,C,D)	A1 74 (SDS)	4.7	5	60	ND	ND	Quitina coloidal	—
Bacillus licheniformis X7u / (78)	4	I- 89 (SDS) II- 76 (SDS) III- 66 (SDS) IV- 59 (SDS)	ND	5-6 para a 10 para b	70-80	ND	70-80	Quitina coloidal	Termostátil
Bacillus sp. 13 . 26 / (95)	1	60 (SDS)	ND	7	60-65	7-8	70	Quitina coloidal	Termostátil
Bacillus sp. BG 11 /(85)	1	41 (SDS)	ND	7.5-9	45-55	6-9	50 para 2h, 60, 70 e 80 °C foram 90, 30 e 20 min	Quitina coloidal	A vida de prateleira era de 60 dias a 4 °C e 30 dias a 25 °C
Bacillus sp. BG 11 / (133)	II	41 (SDS)	ND	8.5	50	5-10	70,80 e 90 por 90,70 e 60min	Quitina inchada	A enzima resiste a 10 congelação e descongelamento, proteases e alosamidina
Bacillus sp. MET 1299 / (93)	1*	52 (SDS)	ND	5.5	60	5.5-9	< 60	90% chitosano coloidal desacetilado, B- glucano	Quitosanase constitutiva
Bacillus sp. NCTU2 / (120)	1	30(GF)36,5(SDS)	3.6	7	50-60	6-8	≤ 60	Quitina coloidal, quitosano com D.A 10 % e 56 %	A enzima pode ser utilizada para a produção de quitobiose
Bacillus sp. estirpe MH1 / (86)	3	L 71(SDS) 68(GF) M 62(SDS) 44(GF) S 53 (SDS) 22 (GF)	5.3 4.8 4.7	6.5 5.5 5.5	75 65 75	6-9 4.5-9 4-9	75 65 75	Quitina coloidal, quitosano acetilado Quitina coloidal, quitosano acetilado (66, 34, 11)% Quitina coloidal, quitosano acetilado (66, 34, 11)%	Endochitinoses
Bacillus stearothermophilus CH4 / (96)	1	74(SDS)75(GF)	NA	6.5	75	6.5	0-80	Quitina coloidal	E1% da enzima a 280 e 250 nm eram 7,77 e 46,9
Bacillus subtilis IMR - NK1 / (89)	1*	36 (GF) 41 (SDS)	ND	4	45	5-9	< 40	Quitosano de caranguejo, quitina coloidal, quitosano glicol	Energia de activação =0,96Kcal / M
Cellulomonas flavigena NTOUI / (97)	1	32 (GF) , 32,5 (SDS)	7-7.5	10	50	6-10	< 45	Quitina em pó, quitina coloidal, casca de camarão em pó	Exo-N, N'-diacetylchitobiohidrolase
Enterobacter aerogenes / (127)	1	42. 5	ND	6	55	NA	NA	Quitina coloidal	—
Enterobacter agglomerans / (134)	1	61	ND	6.5	40	NA	NA	PNP (GLcNAc)h	—

36

Tabela (5) Propriedades das Quitinases (continuar)

Fonte / Referência	Número de Formulários	Massa Molecular (KDa)	pI	pH óptimo	Temperatura óptima (°C)	pH de estabilidade	Temperatura de estabilidade (°C)	Especificidade do substrato	Observações
Enterobacter sp. G-1 / (135)	Chi A	60	ND	7	40	NA	NA	Quitina coloidal	---
Enterobacter sp. NRG4 / (98)	1	60	ND	5.5	45	4.5-8	40 por 3 h	Quitina inchada, quitina coloidal, quitina glicol e quitina regenerada	---
Microbulbifer degradans 2-40**ch B/(132)	3 (A,B,C)	GH18N 50.5 GH18C 47.7	ND ND	7.2-8 7.2-8	30-37 30-37	7.2-8 7.2-8	< 40 < 40	Chitin Chitin	Actividade de exochitinase Actividade de endochitinase
Pseudomonas aeruginosa K-187 /(115)	2	FI 30 (SDS) FII 32 (SDS)	5.2 4.8	8 7	50 40	6-9 5-10	50 60	Quitina coloidal, EGC, *M. lysodeikticus* células	Ambas as quitinases mostram actividade lisozima
Vibrio alginolyticus H- 8 / (79)	2	C1 81 (SDS) C3 68 (SDS)	3.9 3.6	6.5 6.5	55 50-55	4-11 3-11	> 55 > 50	Quitina de lula, quitina coloidal, GC, quitosana Quitina de lula, quitina coloidal, quitosana	Ambas as enzimas são endoquitinases
Xanthomonas sp.strain AK *ch B /(87)	2	A 64 (SDS) B 48 (SDS)	ND ND	4 6	35 60	NA 5-10	NA 50 —	Quitina coloidal Quitina coloidal	--- família 18 glicosil hidrolase
Streptomyces alborrinaceus S-22 / (101)	2	I 43 (SDS) II 45 (SDS)	ND	6 6	40 40	ND	< 40	Quitina coloidal, paredes de células fúngicas	Pode ser usado como antifúngico
Streptomyces griseus HUT 6037 *ch C / (103)	3 (C1, C2, C)	C 49 (SDS) 33 (GF)	7.3	5.5-7	60	5-9	> 40 —	Quitosano com D. A. 54 %, glicol quitina	---
Streptomyces sp. No. 6/ (94)	1*	29 (GF) 26 (SDS)	ND	4.5-6.5	60	4-7	< 60	Chitosan, *Mucor* estirpe paredes celulares	Estável durante horas em temperatura ambiente
Streptomyces thermoviolaceus OPC-520 /(105)	1	40 (SDS)	ND	9	80	4-12	70 – 80	Quitina coloidal	Termostátil
Candida albicans / (136)	1	45 (SDS)	ND	5	50	ND	ND	ND	Inibido pela alosamidina
Metarhizium anisopliae / (108)	1	30 (SDS) 32. 4 (GF)	ND	4.5-5	40-45	ND	ND	Quitina inchada, quitotetraose, quitotriose, quitobiose	---
Folhas de feijão / (137)	1	11. 5 - 12. 5 (GF) (RAA), 34 (AC)	ND	4	45	ND	ND	Chitosan	---
Gérmen de trigo / (125)	1	30 (SDS) 33(SA) 29 (GF)	7.5-9.2	6	30	3-9	25 – 40	Chitin, (GLcNAc)₂	Endochitinase
Soro de bovino / (126)	1	47 ± 3 (GF)	5.3	1.7	40	3-6.5	50	Quitina glicol, quitina coloidal	---

*ch: quitinase, R: Quitinase recombinante, EGC: Etileno Glicol Chitin, GC: Glicol Chitin, *: Quitosanase, **: enzima com 2 domínios catalíticos, ND: Não Determinado, NA: Dados não disponíveis, E1%: coeficiente de absorção, D.A: grau de Acetilação, I: enzima imobilizada, GF: filtração em gel, a: PNP (GLc NAc)₂, b: glicol quitina

RAA: Anticorpo - Reacção de Antigénio, AC: Centrifugação Analítica

Tabela (6) Cinética das quitinases

Fonte da chitinase	K_m	$V_{máx}$	K_{cat}	Observações	Referência
*Aeromonas caviae*chA	21. 55 µM para um	ND	4,36 n mole / min / mg	---	114
*Aeromonas schubertii*ch 1 *ch 2 *ch 3 *ch4	2. 9 2. 6 2. 6 mM para b 5. 5	0.87 1.92 0.72 U / mg de proteína 1.10	1 2.1 0.8 S^{-1} 1.2	---	115
*Alteromonas sp. estirpe 0-7 *ch A *chB *chC	2. 26 4. 62 mM para D a 20 °C 0. 61	ND ND ND ND	2.10 98.11 S^{-1} a 20 °C 3.12	Kcat / $_{Km}$ (A) 0. 93 Kcat / $_{Km}$ (B) 21. 24 nM / s a 20 °C Kcat / $_{Km}$ (C) 5. 12	117
Bacillus cereus 28-9chi CHR	22. 7 µM para um 1. 5 mg / ml para H 17 mg / ml para b	1,37 µ M / min / mg para um 0,32 µ M / min / mg para H 1,07 x 10-^{2} µM / h / mg para b	8,3 x 10-^{4} / s 2 x 10-^{4}/s 4 x 10-^{4}/ h	Kcat / $_{Km}$ 3,7 x 10-^{5}/ s / u M Kcat / $_{Km}$ 1,3 x 10-^{4} s / mg / ml Kcat / $_{Km}$ 2,3 x 10-^{5} h / mg / ml	138
chi CWR	25. 3 mg / ml para um 4. 1 mg / ml para H 43. 6 mg / ml para b	0,52 µ M / h / mg para um 2,99 µ M / h / mg para H 1,6 x 10-^{2} µ M / h / mg para b	0.6 / h 3.6 / h 1.1 / h	Kcat / $_{Km}$ 2,5 x 10-^{2} h / mg / ml Kcat / $_{Km}$ 9 x 10-^{1} h / mg / ml Kcat / $_{Km}$ 2,6 x 10-2 h / mg / ml	138
*Bacillus cereus 6E1 *chi 36*	93. 3 µM para d	3,7 µM/mg/h	ND	---	90
*Bacillus licheniformis X7u *ch I *ch II *ch III *ch IV	0. 11 0. 77 mM para d 0. 50 0. 3	3.8 3.1 µM / min / mg 3.8 2.9	ND	As quitinases II, III e IV catalisaram uma reacção de transglicose	78
Bacillus sp. BG-11	12 mg / ml de quitina 54. 5 mM para GLcNAc	300 µM/min/ml	ND	100 µg / ml de azida de sódio utilizado como conservante da enzima	85
Bacillus stearothermophilus CH-4	10 $^{-4}$ - 6 x10 $^{-4}$ M para c 4x10 $^{-3}$ & 8x10- 3 ^{M} para e e e F	ND	ND	Kis 4. 3 x 10-^{4} para GLcNAc e 3. 4 x 10-^{3} para GaLNAc	96
Cellulomonas flavigena NTOU1	0.15 mM para um	ND	ND	---	97
Enterobacter sp. NRG4	1. 43 mg / ml para I 1. 41 mg / ml para b 1. 8 mg / ml para J 2 mg / ml para H	83. 33 µ mole / µg / h para I 74. 07 µ mole / µ g / h para b 40 µ mole / µ g / h para J 33. 33 µ mole / µ g / h para H	ND	Inibição por allosamidina IC50 = 64 µM ou 40 µg / ml	98
Pseudomonas sp. YHS-A2 chiA	1. 06 mM para D	44. 4 u toupeira / h / mg para D	ND	---	139
Sanguibacter sp. C4	6,95 mg/ml para quitina coloidal	10,53 U (min. mg)^1 para quitina coloidal	ND	---	140
*Streptomyces sp. No. 6*ch	0. 668 mg / ml	ND	ND	Energia de activação = 10. 4 Kcal / toupeira para G	94
*Vibrio alginolyticus H-8 *ch 1 *ch3	1. 4 mg/ml de quitina de célula 0. 8 mg/ml	ND	ND	---	79
Candida albicans	3. 9 mg / ml de quitina 17. 6 mM (GLcNAc) eq	2,3 nMol / min / mg	ND	Inibição da quitinase por allosamidina IC50 = 0. 3 µ M, Kis = 0,23 µ M para allosamidina (inibidor competitivo)	141
Metarhizium anisopliae	0,537nM para um	4,86 nMol / ml / min	ND	---	108
Mucor mucedo	16. 7 mg de quitina / ml	2,33 nMol / ml / min	ND	---	142
Gérmen de trigo	2 mM para quitina	ND	ND	---	125
Soro de bovino	0. 76 ± 0. 05 (S.E) mg / ml para H	ND	ND	---	126

*ch: quitinase, a: 4 - MU - (GLcNAc)₂, b: quitina-azul coloidal, c: substratos de PNP, d: PNP - (GLcNAc)2, e: acetilequitobiose, F: acetil quitotriose, G: quitosano, H: quitina glicol, I: quitina inchada, J: quitina regenerada, R: recombinante, (*): quitosanase.

Tabela (7) Inibidores e activadores de quitinases

Fonte da chitinase	Inibidores	Activadores	Referência
Aeromonas caviae	Hg2+, Fe2+, Fe3+, Mg2+, SDS (0. 1%), Triton X-100 (1%)	Cu2+, Zu2+	114
Alteromonas sp. estirpe 0. 7 *chA	Fe2+, Fe3+, Zn2+,N-Bromosuccinimida,2-hidroxi-5-nitrobenzilbromida	Mn2+, Mg,$^{2+}$, Ca2+, Na+, K+	116
Bacillus sp. 13. 26	Inibição de Mn2+, Co2+, Ca2+ (50%)	Mg2+, Ni2+	95
Bacillus sp. BG-11	NaCl (7%) c/v, Ag+, Hg2+, Sr2+, Co2+, Cd2+, AsO2-, EDTA, DTT, PMSF, β-mercaptoetanol, glutatião, iodoacetato, iodoacitamida, glucosamina, galactosamina, GLcNAc (32%)*, (GLcNAc)$_2$ (25%)*, (GLcNAc)$_3$ (18%)*	Ca2+, Ni2+, SDS, Triton, X-100, taurocolato de sódio, deoxicolato de sódio estimulou a enzima > 20	85
Bacillus sp. MET 1299 (*)	Hg2+, Fe2+, Zn2+, Cu2+	Ca2+, Mn2+, Mg2+, Mg2+, Ba2+	93
Bacillus sp. NTU2	Hg2+, Cu2+	Ca2+ (10mM)	120
Bacillus sp. estirpe MH1	Hg2+, Ag+ (GLcNAc)$_2$	Ca2+, Mg2+, Mn2+	86
Bacillus stearothermophilus CH-4	Hg2+, DMS, n-butanol, DMF, Etanol, acetonitrilo, piridina, n-propanol, dioxano, SDS, GLcNAc, glucose (30%)*, galactose (15%)*, manose (33%)*, frutose (38%)*, lactose (25%)*, celobiose (14%)*, maltose (21%)*, sacarose (19%)*, quitobiose (25%)*, GaLNac (28%)*, 4 Mguanidina HCL	Fe2+, Zn2+, Ca2+, D - glucosamina (GLcN), galactosamina ((GaLcN)	96
Bacillus subtillus IMR-NK1 (*)	Hg2+, NBS (N-Bromosuccinimida), PHMB (p-hidroximerociribenzóico)	Mg2+, Co2+	89
Cellulomonas flavigena NTOU1	Fe2+, Fe3+, Hg2+, N-**athylmoleimide, monoiodoacetate**, β-mercaptoetanol	Mg2+, Mn2+, Zn2+, Na+	97
Enterobacter aerogenes	Hg2+, Co2+, e Mg2+	Zn2+, Ba2+, Ca2+, Mn2+	127
Enterobacter sp. NRG4	Hg2+, Ag+, Co2+, EDTA, NBS, Iodoacetamida, DTNB	Ca2+, K+, Mg2+	98
Microbulbifer degradans 2-40 *chB	Hg2+, Cu2+, Ni2+, Sr2+	NA	132
Pseudomonas aeruginosa K-187	**Hg2+, Mn2+, Mg2+, Zn2+, glutatião, DTT**, β-mercaptoetanol	Cu2+	115
Sanguibacter sp. C4	Fe2+	Mn2+	140
Serratia plymuthica	Cu2+	Mn2+, Co2+, Ca2+	131
Streptomyces termoviolaceus OPC-520	Hg2+, Cu2+, Ba2+, Cd2+, Sn2+, N-Bromosuccinimida, 2-hidroxi-5-nitrobenzilbrometo, reagente K da ala de madeira	ND	105
Vibrio alginolyticus H-8	Ag+, Hg2+	ND	79
Soro de bovino	5mM EDTA	Tripsina a pH 6,4	126

ch: quitinase, (*): quitosanase, ( ): inibição fraca (9 - 38 %), DTT: ditiotreitol, DMS: dimetilsulfóxido, DMF: dimetilformamida, PMSF: fluoreto de fenil metano sulfonil, NBS: N-Bromo succinomida, DTNB: ácido ditiobisnitrobenzóico

Tabela (8) Padrão de hidrólise de quitinases

Fonte da chitinase	Substratos (quitina ou quitooligossacarídeos)	Produtos de hidrólise (actividade relativa (%))	Mecanismo de hidrólise	Referência
Aeromonas caviae (ch R)	Chitina (concha de caranguejo, pó purificado)	$(GLcNAc)_3$ 661. 6mg.L-1, $(GLcNAc)_2$ 233. 6 mg.L-1, $(GLcNAc)$47. 1 mg.L-1, $(GLcNAc)_6$ 29. 6 mg.L-1	Endocitinase + TA	114
Alteromonas sp. estirpe 0 - 7(ch A)	$(GLcNAc)_2$, $(GLcNAc)_3$, $(GLcNAc)_4$, $(GLcNAc)_5$, $(GLcNAc)_6$	$(GLcNAc)_4$ 100 %, $(GLcNAc)_5$ 50%, $(GLcNAc)_6$ 45. 5%, $(GLcNAc)_3$ 17%	Endochitinase (chitobiosidase)	116
Bacillus cereus 6E1 chi36	p-NP-GLcNAc, p-NP-$(GLcNAc)_2$, p-NP-$(GLcNAc)_3$,	p-NP-GLcNAc 0 %, p-NP-$(GLcNAc)_2$ 100 %, p-NP-$(GLcNAc)_3$ 4. 42%	Exochitinase (exo, N-N' diacetilcitobiohidrobase)	90
Bacillus licheniformis X-7u ch I ch II ch II ch IV	Quitina coloidal, $(GLcNAc)_4$	$(GLcNAc)_2$ } ND GLcNAc, $(GLcNAc)_2$ GLcNAc, $(GLcNAc)_2$ } (GLcNAc) GLcNAc, $(GLcNAc)_2$ produto de transglicosilação	Exochinase + TA Exochinase + TA Exochinase + TA Exochinase + TA	78
Bacillus stearothermophilus CH-4	$(GLcNAc)_2$ $(GLcNAc)_3$ $(GLcNAc)_4$ $(GLcNAc)_5$	GLcNAc 6,18 mM, $(GLcNAc)_2$ 2,19 mM. $(GLcNAc)_3$ 3,45 mM, GLcNAc 3,23 mM, $(GLcNAc)_2$ 0,045 mM. $(GLcNAc)_4$ 3,36 mM, GLcNAc 2,09 mM, $(GLcNAc)_3$ 1,97 mM, $(GLcNAc)_2$ 0,078 mM. $(GLcNAc)_5$ 4,09 mM, GLcNAc 1,78 mM, $(GLcNAc)_4$ 0,85 mM, $(GLcNAc)_3$ 0,3 mM.	Exochitinase (β-N-Acetylhexosaminidase)	96
Estirpe do *Bacillus* MH-1 ch L ch M ch S	pNP-GLcNAc, pNP$(GLcNAc)_2$, pNP$(GLcNAc)_3$, pNP$(GLcNAc)_4$, pNP$(GLcNAc)_5$ pNP-GLcNAc, pNP$(GLcNAc)_2$, pNP$(GLcNAc)_3$, pNP$(GLcNAc)_4$, pNP$(GLcNAc)_5$ pNP-GLcNAc, pNP$(GLcNAc)_2$, pNP$(GLcNAc)_3$, pNP$(GLcNAc)_4$,pNP$(GLcNAc)_5$	0 %, 100 %, 46 %, 26 %, 31 % 0 %, 100 %, 190 %, 94 %, 70 % 0 %, 100 %, 234 %, 114 %, 25 %	Endochitinase	86
Enterobacter sp. G1	Quitina coloidal	$(GLcNAc)_2$, $(GLcNAc)_3$ e $(GLcNAc)_4$	Endochitinase	135
Enterobacter sp. NRG4	Quitina inchada	$(GLcNAc)$, $(GLcNAc)_2$	Endochitinase	98
Pseudomonas sp. YHS-A2 chi A	Quitina coloidal ou quitooligosacorido (Tri, Hexa)	$(GLcNAc)_2$	Chitobiosidase (exochitinase)	139
Vibrio alginolyticus H-8 ch C1	$(GLcNAc)_3$ $(GLcNAc)_4$ $(GLcNAc)_5$ $(GLcNAc)_6$ quitina de lula	$(GLcNAc)_2$ 54. 4 %, GLcNAc 25 %, $(GLcNAc)_3$ 20. 6%, $(GLcNAc)_2$ 97. 8 %, $(GLcNAc)_3$ 1. 5%, GLcNAc 0. 7 % $(GLcNAc)_2$ 63. 7%, $(GLcNAc)_3$ 29%, GLcNAc 7. 3 % $(GLcNAc)_2$ 86. 8 %, $(GLcNAc)_3$ 11. 8 %, $(GLcNAc)$1,4 % $(GLcNAc)_2$ 94. 6 %, GLcNAc 5. 4%	Endochitinase	79
C3 ch	$(GLcNAc)_3$ $(GLcNAc)_4$ $(GLcNAc)_5$ $(GLcNAc)_6$ quitina de lula	$(GLcNAc)_3$ 73 %, $(GLcNAc)_2$ 21. 2 %, $(GLcNAc)$5. 8 %. $(GLcNAc)_2$ 76. 8 %, $(GLcNAc)_4$ 20,1 %, $(GLcNAc)_3$ 2. 4 %, GLcNAc 0. 7 %. $(GLcNAc)_2$ 54. 2 %, $(GLcNAc)_3$ 44 %, GLcNAc 1. 8 %. $(GLcNAc)_2$ 59. 5 %, $(GLcNAc)_3$ 9. 2 %, $(GLcNAc)_4$ 8,2 %, $(GLcNAc)$19,3 %. $(GLcNAc)_2$ 87. 5 %, GLcNAc 12. 5 %.	Endochitinase	
Metarhizium anisopliae	Quitina inchada, $(GLcNAc)_4$, $(GLcNAc)_3$, $(GLcNAc)_2$, pNP-$(GLcNAc)$, pNP-(GL)	(3. 2, 10. 48, 8. 57, 6. 74, 3. 6, 1. 16) Unidade	Exochitinase com endo actividade de actuação	108
Gérmen de trigo	$(GLcNAc)_2$, $(GLcNAc)_3$, $(GLcNAc)_4$, $(GLcNAc)_5$, $(GLcNAc)_6$	Nenhum, Nenhum, $(GLcNAc)_2$, $(GLcNAc)_2$. $(GLcNAc)_3$, $(GLcNAc)_2$, $(GLcNAc)_3$	Endochitinase	125

ch: Chitinase, ch R: Quitinase recombinante, TA: Actividade de transglicosilação, *: substrato para transglicosilação, ND: Não determinado.

3.2.13. Aplicações em quitinases

3.2.13.1. Aplicações agrícolas

A) Biocontrolo de fungos fitopatogénicos

As enzimas quitinolíticas têm sido consideradas importantes no controlo biológico dos agentes patogénicos do solo devido à sua capacidade de degradar as paredes das células fúngicas quitina [143]. Muitos estudos relataram o controlo biológico de fitopatógenos que utilizam bactérias quitinolíticas ou fungos como *Pseudomonas cepacia* e *P. fluorescens* que atacam *Pythium* damping-off e *Aphanomyces* root rot[144], *Serratia plymuthica* e *S. marcescens que* atacam *Verticillium longisporium* e *Sclerotium rolfssii*, respectivamente[131], *Xanthomonas maltophilia*[145] e *Paenibacillus illinoisensis* KJA-424[146] degradam as paredes celulares de *Rhizoctonia solani* , *Bacillus subtilis* e *Trichoderma harzianum* atacam *Botrytis cinera*[147], *Streptomyces* sp. que lise as paredes celulares de *Aspergillus niger*[148]. *Fusarium chlamidosporium* ou *Myrothecium verrucaria* inibe a germinação dos uredósporos do fungo da ferrugem *Puccinia arachidis* [149]. Por outro lado, as quitinases podem ser utilizadas directamente no biocontrolo como enzimas purificadas ou indirectamente através da manipulação de genes. Por exemplo, a quitinase microinjectada digeriu a parede celular haustorial do fungo *Erysiphe graminis* f.sp. *hordei* em células coleóteis de cevada[150], a preparação de quitinases de *Bacillus circulans* hydrolyze *Aspergillus oryzae* e *Pyricularia oryzae*[151] e as quitinases de *B.cereus* hydrolyze *Phytophtora medicaginis*[152], *P.nicotianae*[153], *Pythium aphanidermatum*[154], e *Sclerotinia minor*[155]. Além disso, (Shapira *et al.*, 1989) [156] clonado

S. marcescens chitinase em *E. coli* e a quitinase obtida foi considerada eficaz na redução da incidência de doenças causadas por *Sclerotium rolfsii* em feijão e *Rhizoctonia solani* em algodão em condições de casa verde. Recentemente, a análise estrutural da parede celular fúngica sugeriu uma estratégia eficiente para a degradação total da parede celular. A acção sinérgica das quitinases e quitosanases foi mais eficaz e atraiu a atenção do Dr. Toyoda e dos seus colegas da Universidade de Kinki (Japão) estão agora a tentar ligar um gene da quitinase bacteriana a um gene da quitosanase e exprimir uma proteína de fusão que tem tanto a quitinase como a quitosanase actividades. A proteína de fusão exibiria um efeito mais eficiente na degradação da parede celular fúngica. Em colaboração com o Dr. Brzezinski da Universidade de Sherbrooke - Canadá, estão a tentar construir o gene quimérico composto pelos domínios da quitinase e da quitosanase e exprimir a quitinase bifuncional / enzima quitosanase. A introdução deste gene nas plantas resultaria em plantas transgénicas exibindo uma forte resistência ao agente patogénico fúngico [157].

B) Biocontrolo de insectos fitopatogénicos

Bacillus thuringiensis é bem conhecido por ser o efeito biopesticida e bioinsecticida mais amplamente utilizado. Este biocontrolo foi melhorado muitas dobras pela co-aplicação da preparação comercial da quitinase [158] ou pela adição de bactérias quitinolíticas extraídas do intestino de insectos [159]. Muitos relatórios demonstraram que o biopesticida à base de *B. thuringiensis* suplementado com quitinases ou bactérias quitinolíticas foi eficaz contra muitos insectos, tais como folhas de algodão usadas *Spodoptera littoralis*[159], *Spodoptera exigua*[160], *Choristoneura fumiferana* (broto de abeto abeto)[161], *Plutella Xylostella* (traça diamantífera)[162], *Lymantria dispar* (traça cigana)[163]. Por outro lado, o controlo das pragas como os escaravelhos e pulgões foi experimentado com sucesso com os fungos entomopatogénicos [164] tais como *Beauveria bassiana*, *B. brongniartii* e *Verticillium lecanii*. O último tem uma vasta gama de hospedeiros de insectos, incluindo Homoptera, Coleoptera, Orthoptera e Lepidoptera e tem recebido grande atenção no controlo biológico de pragas devido às suas quitinases apresentarem um forte efeito insecticida, acaricida, nematocida e fungicida. Por exemplo, foi muito eficiente no controlo de afídeos como o *Rhopalosiphum rufiabdominalis* [165] e *Macrosiphoniella sanborni*[166] e contra o escaravelho-escamoso (*Scolytus scolytus*)[167], gafanhotos[168], gafanhoto migratório (*Melanoplus sanguinipe*)[169], traça diamante (*Plutella xylostella*) [170], acariana[171],e quistos de nemátodos de soja[172].

C) Plantas transgénicas e quitinases

As quitinases desempenham um papel importante na defesa das plantas contra os fitopatógenos contendo quitina (Fungos, insectos e nemátodos), particularmente quando esta enzima é clonada ou sobre-indicada através da engenharia genética (Quadro 2 Apêndice). Muitas plantas e culturas foram transformadas com o gene da quitinase marcado com promotores de expressão excessiva tais como *Brassica juncea*[173], banana[174], batata[175], pepino[176], cenoura[176], arroz[J,177], cevada[178], canola[179], ervilha de pombo[180], papaia[181]. Além disso, Kwon *et al.* 2007[182] descobriram que *a Arbidopsis* hot2 codifica e a endocitinase - como a proteína que é essencial para a tolerância ao calor, sal e stress de seca.

3.2.13.2. Aplicações médicas

A) Controlo de mosquitos

Os aspectos socioeconómicos mundiais das doenças propagadas por mosquitos fazem deles alvos potenciais para vários agentes de controlo de pragas. No caso dos mosquitos, fungos entomopatogénicos como a *Bauveria bassiana* não poderiam infectar ovos de *Aedes aegypti*, um vector de febre amarela e dengue, pode ser devido ao ambiente aquático. Verificou-se que os ovos de scrabaeid postos no solo eram susceptíveis ao *B. bassiana* [183]. A *verrucária mirotécica* produziu um complexo total de enzimas degradantes da cutícula de um insecto [184] que são capazes de matar 100% das larvas do primeiro (I) e quarto (IV) instars do mosquito *A. aegypti* dentro de 48 h com a ajuda de *M. verrucaria* chitinase bruta[185]. Por outro lado, muitos trabalhadores relataram a actividade mosquitocida de muitas estirpes quitinolíticas de *B. thuringiensis*[186] . Em 1976, Lysenko, confirmou a toxicidade da *Serratia marcescens* chitinase para os insectos [187].

B) A quitinase como alvo de biopesticidas e controlo de algumas doenças

Uma vez que as quitinases hidrolisam as ligações glicosídicas da quitina que se encontram na parede celular fúngica, exosqueleto de insecto e casca de ovo nemátodo. Os inibidores destas enzimas são de considerável interesse como instrumentos de investigação e podem ter potenciais quimioterápicos contra fungos patogénicos, insectos, parasitas protozoários, nemátodos parasitas e asma humana [188]. Foram relatadas várias classes de inibidores da quitinase. Allosamidina, um pseudotrissacarídeo isolado de *Streptomyces* [189] era um forte inibidor de quitinases de muitas fontes [190], como as quitinases de insectos *Leucania separata* [191], *Bombyx mori* [192], *Manduca sexta*

[193], o ácaro *Tetranychus urticae* e uma larva da mosca doméstica *Musca domestica* [190].

Além disso, descobriu-se que a alosamidina inibia as quitinases fúngicas como a *Candida albicans* [194], *Coccidiodos immites* [195] e quitinases parasitárias como a *Trichomonas vaginalis* [196] e os nematóides *Omchocerca volvulus* [197] e *O.gibsoni* [198]. Por outro lado, a prolina cilíndrica - contendo dipeptídeos também tem sido relatada como inibidora da quitinase [199]. Recentemente, foi relatada uma nova classe de inibidores naturais de quitinase. Dois pentapéptidos cíclicos argifina [200] e argadina [201] foram isolados das culturas fúngicas *Gliocladium* e *Clonostachys*, respectivamente. Estes compostos inibem as quitinases bacterianas, humanas e *Aspergillus fumigatus* chitinases [202]. Mais Cohen, 1993 [203] destacou o interesse dos inibidores da quitinase e da chitina-sintetase como alvos da acção biopesticida e mostrou que as polioxinas e a nikkomycin produzidas por *Streptomyces cacaoi* ans *S. tentae*, respectivamente, são inibidores competitivos da quitina-sintetase Além disso, são amplamente utilizadas como excelentes fungicidas agrícolas. Enquanto, o benzoilil era também um forte insecticida inibidor da síntese de quitina dos insectos.

C) Quitinase como vacina

A importância das quitinases em muitas quitinases contendo agentes patogénicos (fungos, protozoários e helmintos), que causam muitas doenças infecciosas, estimulou vários investigadores a considerar as quitinases como um antigénio atractivo para a vacinação [204]. Esta abordagem foi eficaz na redução da taxa de infecção dos nematódeos *Brugia malayi* [205], *Wuchereria bancrofti* [206] e outros helmintos [207]. Também pode ser utilizado no tratamento de muitas doenças infecciosas causadas pela quitina contendo agentes patogénicos como (I) infecção fúngica (por exemplo, Candidíase, Aspergilose, micoses cutâneas e subcutâneas e micoses pulmonares causadas por *Histoplasma capsulatum. Sporothrix, Cryptococcus, Blastomyces e Coccidiodes*), (II) infecções protozoárias (Toxoplasmose, Tricomoníase, Leishmaniose e Tripanossomose) e (III) infecções de helmintos (Esquistossomose, Tricinose, Filariose e Oncocercose). A vacinação com quitinase protozoária não é para proteger o indivíduo infectado para bloquear a transmissão de parasitas. Enquanto que a imunização com quitinase helmíntica previne ou bloqueia a eclosão de helmintos a partir dos ovos ou a eclosão das suas bainhas protectoras. As vacinas contra a quitinase podem ser utilizadas como quitinases purificadas naturais do organismo patogénico ou como enzimas produzidas pela tecnologia do ADN recombinante [208]. Este método foi seguro e eficaz como descrito por Aerts e Gerardus, 2005[209] as produzidas por quitinase humana geneticamente modificada (chitozyme) para tratamento terapêutico ou profiláctico de indivíduos humanos contra infecção por quitinases contendo agentes patogénicos e a quitinase purificada podem ser utilizadas em cosmética (e.por exemplo, loção corporal), dentária (por exemplo, pasta de dentes, enxaguamento bucal) ou produto alimentar (por exemplo, leite, queijo) e pode ser utilizado como kit de diagnóstico compreendendo peptídeo antigénico da quitinase humana, um anticorpo da quitinase humana, ácidos nucleicos da quitinase humana ou oligonucleótido da quitinase humana.

D) Quitinases como marcadores de doenças

A quitriosidase (membro da família da quitinase) pode revelar-se um marcador de diagnóstico útil para muitas doenças como a doença de Gaucher, que é uma deficiência hereditária recessiva da lisossomal hidrolase (glucocerebrosidase) [210], resultando na acumulação da glucocerebroside lipídica nos lisossomas dos macrófagos tecidulares, a ocorrência multiorgânica e a acumulação de macrófagos carregados de lípidos provoca hepatoesplenomegalia, lesões ósseas e anomalias neurológicas [211]. Observou-se que o nível de quitotriosidase plasmática[210] elevou mais de 600 pregas do que no plasma saudável[210] e elevações semelhantes observadas numa variedade de lipidose lisossomal, por exemplo, doença de Niemann-pick, doença de Krabb, doença de Wolman, e gangliosidose GM1[212].Dado que os macrófagos activados contribuem para a fisiopatologia de muitas doenças, as quitotriosidases ainda são utilizadas como marcadores potentes de várias doenças, tais como as doenças imunológicas granulomatosas (granulomatose de Wegener, Sarcoidose) ou doenças infecciosas granulomatosas (Leishmaniose, triconomiose e lepra)[146], infestação por nemátodos[213], micoses[214], artrite reumatóide e osteoartrite[215], aterosclerose[216], doenças neurodegenerativas e em inflamação asmática[217]. Outras situações que podem levar a uma redução funcional do nível plasmático da quitotriosidase são estados imunodeficientes de infecção pelo VIH. Recentemente, Mizoguchi, 2005[218] descobriu que a quitinase 3-like-1 (CHI3L1) desempenha um papel patogénico na colite, presumivelmente ao aumentar a adesão e invasão de bactérias na/célula epitelial do cólon (CEC). A inibição da actividade da CHI3L1 seria uma nova abordagem terapêutica para a doença inflamatória intestinal. Por outro lado, Zhao *et al.* 2007[219] identificaram o CHI3L1 como um gene potencial de esquizofrenia-susceptibilidade e expresso anormalmente no campus hipopótamo de sujeitos com esquizofrenia e pode estar envolvido na resposta celular a vários eventos ambientais. Além disso, a quitinase como lectinas expressas em mamíferos também pode ser utilizada como potencial marcador de doenças e alvo terapêutico [220].

E) Quitinases como marcadores tumorais

YKL-40 é uma glicoproteína segregada da família da quitinase que tem sido anteriormente como marcador de diagnóstico e prognóstico de vários cancros, incluindo cancro epitelial dos ovários, mieloma múltiplo [221] e detectado recentemente por Diefenbach *et al.* 2007[222] em cancro endometrial.

F) As quitinases como alvo terapêutico para as doenças alérgicas

Uma vez que as quitinases vegetais de classe (I) e outras proteínas com domínio semelhante à heveína foram identificadas como os principais alergéneos alimentares e de contacto [223] e estão implicadas na síndrome do látex-frutos causada pela banana [224], abacate, castanha [225] e produtos de látex. A inibição destas quitinases ou quitinases de mamíferos ácidos implicadas na asma [226] pode ser um alvo terapêutico potencial para doenças provocadas pelo Th2, tais como asma e doenças alérgicas, incluindo dermatite atópica e rinite alérgica [203.188].

G) Quitinase como anti-tumor

Recentemente, Pan *et al.* (2005) [227] demonstraram que a quitinase bacteriana de células tumorais lisadas selectivamente in vitro (linha de células de cancro da mama humana cultivadas MCF-7) e in vivo (xenoenxerto de mama humano B (11)-2 em ratos SCID). A quitinase injectada (1,3 U/ml) destruiu o tecido tumoral em 7 h e curou os ratos.

H) Quitinase como antibacteriana e como lectinas

Muitas quitinases da classe III contêm quitinase bifuncional / enzimas lisozimas foram encontradas em animais e plantas [228] e produzidas contra bactérias e fungos patogénicos. Além disso, Wang e Chang, 1997[70] purificaram e caracterizaram duas quitinase / lisozimas bifuncionais extracelulares produzidas por *Pseudomonas aeruginosa* K-187 num meio em pó de camarão e caranguejo e estas enzimas purificadas tinham actividades antibacterianas e de lise cellular contra muitos tipos de bactérias tais como *B. cereus*, *B. subtilis*, *S. aureus*, *M. lysodeikticus*, *E. coli* e *Enterobacter cloacae* e ao mesmo tempo podem ser usadas como antifúngicas potenciais contra fungos patogénicos. Os papéis antibacterianos e antifúngicos das lectinas vegetais permaneceram por resolver até que uma lectina de ligação à quitina fosse isolada dos rizomas da urtiga, *Urtica dioica*[229]. Esta lectina estava isenta de quitinase, quitosanase e ß-1-4 N- acetil glucosaminidases, contudo, apresentava uma forte actividade antifúngica. Os estudos moleculares revelaram que o gene da lectina da urtiga codificou tanto a lectina (domínio de ligação da quitina) como a quitinase (domínio catalítico da quitinase) [230].

I) Chitinase como produtor de quitooligossacarídeos bioactivos

A actividade de transglicosilação de muitas quitinases de *Trichoderma reessei*[231], *Penicillium oxalicum*[232], *Streptomyces kursanovii*[233], *Nocardia orientalis*[130], *B. licheniformis*[78] e *Alteromonas* sp. estirpe 0-7[234] será muito útil para gerar os quitooligómeros desejados ou por vezes oligómeros com ligações glicosídicas alteradas[235]. Por outro lado, muitas pesquisas e estudos relataram que as quitinases e quitosanases microbianas têm demonstrado um excelente desempenho na produção de quitooligossacarídeos (COS) que possuem potenciais propriedades bioactivas e actuam como: 1) antiviral[236], 2) anti-fágico[37], anti-HIV-1[238], 3) antibacteriano[239], 4) anticandidal[240], 5) antifúngico[241], 6) antitumoral[242], 7) antioxidante[243] e catadores de radicais livres[244], 8) abaixamento de gordura[245] e Hipocholesterolemico[246], portador de drogas[247], 9) imunoestimulante[248], 10) elicitors de plantas[249] 11) anticoagulante [250], 12) anti-hipertensão[251], 13) hemostática[252] e analgésica[253], 14) e finalmente a própria N-acetil glucosamina é um medicamento anti-inflamatório e utilizado como agente nutracêutico para doentes, osteoartrite e doenças inflamatórias intestinais, tais como colite ulcerosa e actua ao mesmo tempo como antitumor[254]. Além disso, a N - acetil glucosamina pode ser utilizada como adoçante e factor de crescimento para bactérias intestinais. Recentemente, Makino *et al.* 2007[301] descobriram que as quitinases de *Bacillus* sp. e *Serratia marcescens* catalisaram a síntese de derivados de quitina alternadamente N-sulfonados através do anel abertura de poliadição de um N-sulfonado de quitobiose oxazolina. Estas quitinases exibiam uma elevada regiolectividade e estereoquímica.

3.2.13.3. Aplicações ambientais

3.2.13.3.1. Quitinase na bio-gestão de resíduos de crustáceos

O actual aumento dos resíduos de crustáceos da indústria do camarão e caranguejo nos países mais produtores do mundo (China, Indonésia, Tailândia e Índia) colocou sérios problemas de eliminação e levou à necessidade de encontrar um novo método sustentável de gestão de resíduos de crustáceos. Uma vez que os principais componentes destes resíduos são a quitina, proteínas, aromatizantes, pigmentos e minerais, o bioprocessamento utilizando microrganismos quitinolíticos ou as suas quitinases não só resolve o problema ambiental como também assegura a sua plena utilização como fluxo.

a- Degradação de resíduos de crustáceos e recuperação de componentes valiosos

Muitas tentativas biológicas utilizando bactérias quitinolíticas foram feitas para a extracção de proteínas e carotenoproteínas da casca de crustáceos, a fim de nos serem utilizados como corantes e aromatizantes alimentares ou na alimentação de peixes e animais [255]. Além disso, a degradação da quitina produz N - acetil glucosamina e quitooligossacarídeos que podem ser utilizados em aplicações alimentares e biomédicas. [256].

b- Degradação dos resíduos de crustáceos e produção de proteína monocelular (SCP)

Revah-Moissev e Carrod, 1981[257] usaram quitinase de *S. marcescens* para hidrolisar material quitinoso e levedura *Pichia kudriavzevü* para SCP que era aceitável como aquicultura. Os fungos em geral utilizados como fonte para SCP são *Hansenula polymorpha, Myrothecium verrurcaria, Candida tropicalis P. kudriavzevü, S. cerevisiae*, etc. [258]. Os critérios utilizados para avaliar a produção de SCP são o rendimento de crescimento, a proteína total (39 a 73%) e o conteúdo de ácido nucleico (1-11%). O melhor reportado foi *S. cerevisiae* que exibiu > 60% de proteína e 1 a 3% de conteúdo de ácido nucleico enquanto *P. kudriavzevü* tinha 45% de proteínas e 8 a 11% de ácido nucleico [257]. Vyas e Deshpand (1991) [259] utilizaram a preparação de *M. verrucaria* chitinase para hidrólise de quitina e *S. cerevisiae* para SCP com 61% e 3,1% de proteínas totais e conteúdos de ácido nucleico, respectivamente, e o filtrado de cultura era muito rico em N-acetil glucosamina.

c- Degradação de resíduos quitínicos e produção de compostos antimicrobianos

Um novo composto antifúngico chamado pafungin foi purificado a partir de caldo de cultura da bactéria quitinolítica *Pseudomonas aeruginosa* K-187 cultivada em pó de camarão e caranguejo [260]. Foi também investigada a fermentação de barbatana quitinosa de peixe de concha pela quitinase que produz *Monascus purpureus* para a produção de compostos antimicrobianos [261]. Além disso, a Bharatic 2005[262] desenvolveu um modelo sustentável de reciclagem de resíduos miceliais de *Penicillium* sp. chitinous resultou da indústria antibiótica (>30% da esteira micelial desenvolve-se por cada ciclo de fermentação, o que causa um grave problema de eliminação). A biomanagement deste problema é a utilização destes resíduos miceliais para a produção de antibióticos por *Streptomyces fimbriatus* quitinolíticos. Além disso, Richard *et al.* (2008) produziram estreptomicina a partir de quitina utilizando *Streptomyces griseus* em bioreactor [263].

d- Degradação de resíduos quitínicos e produção de gás hidrogênio

Uma vez que o gás hidrogénio era uma fonte de energia limpa ideal e reduz a poluição do ar ambiente, foram feitas muitas tentativas para a sua produção através da conversão microbiana de resíduos municipais, agrícolas e bioindustriais [264]. Evvy gernie *et al.* (2000) [265] utilizaram uma bactéria anaeróbica quitinolítica *Clostridium paraputrificum* para a produção de gás hidrogénio a partir de resíduos quitinosos e a estirpe recombinante exibiu uma taxa de produção superior à do tipo selvagem [72].

3.2.13.3.2. Quitinases para o estudo da ecologia microbiana

Uma vez que a N - acetil glucosamina era o principal componente da bactéria peptidoglicano e quitina fúngica e estes microrganismos produzem β- N - acetil glucosaminidases e quitinases. Portanto, a actividade medida destas enzimas em substratos fluorogénicos em amostras de solo ou água foi significativamente correlacionada com a estimativa da biomassa bacteriana ou fúngica e avaliação das actividades bacterianas ou fúngicas em ecossistemas terrestres ou aquáticos. Assim, Lian *et al.* 2007[266] estudaram a comunidade microbiana marinha e pensaram na diversidade genética da quitinase numa estação de águas profundas da província do módulo do Pacífico Oriental [267] e, de forma semelhante, utilizando quitinases e proteína de ligação à quitina, foi desenvolvido um método para a detecção de infecções fúngicas em humanos [214].

3.2.13.4. Aplicações diversas

a- Preparação de protoplastos fúngicos e de leveduras

Os protoplastos de leveduras e fungos ganharam um interesse crescente na investigação micológica não só para a preparação de extractos sem células e organelas fúngicas, mas também para a melhoria da estirpe através da fusão de protoplastos e da transformação mediada por ADN de fungos como leveduras e filamentosos[268]. Um dos principais componentes do complexo enzimático de lisagem da parede celular fúngica é a quitinase

/chitosanase. Notou-se que a utilização de várias preparações de enzimas micolíticas com elevado teor de quitinase, individualmente ou em combinação, permitiu uma degradação micelial fúngica eficaz e um isolamento protoplástico. [269]. Além disso, Probavathy *et al.* 2006 descobriram que a auto-fusão de protoplastos preparados com enzimas lisantes aumentava a produção de quitinase e a actividade biocontroladora de *Trichoderma harzianum.*

b- Estudos taxonómicos

Muitos autores têm considerado quitinases e quitosanases para estudos taxonómicos de leveduras e fungos, caracterização de paredes celulares fúngicas e no diagnóstico de alguns agentes patogénicos fúngicos de plantas e animais [270].

c- Estudos citoquímicos e imunocitoquímicos

As lectinas devido às suas propriedades específicas de ligação monossacarídeo podem ser utilizadas para localizar resíduos de açúcar em secções finas de plantas e fungos. Da mesma forma, enzimas hidrolíticas como as quitinases ou quitosanases também podem ser empregadas para localizar agentes patogénicos fúngicos que tenham parede celular quitinosa ou quitosanosa [271]. O complexo quitinase - dourado pode ser utilizado para este fim [272] ou técnicas imunocitoquímicas fluorescentes utilizando anticorpos quitinase [273].

d- Recuperação de enzimas ligadas a células fúngicas

A enzima como a tannase é utilizada na indústria alimentar para remover taninos indesejados e para produzir ácido gálico que é utilizado como conservante [274]. A enzima produzida por *Aspergillus niger*, está fortemente ligada ao micélio e a sua libertação por meios químicos e físicos não é eficiente. A hidrólise enzimática das paredes celulares utilizando preparação de quitinase foi considerada eficaz na recuperação da enzima tannase [274]. Além disso, a quitinase foi utilizada eficientemente na produção de glúten a partir de leveduras.

e- Estudos de estrutura e função das glicoproteínas

Algumas endoquitinases tais como a Endo-β-N-acetil glucosaminidase H de *Streptomyces griseus*[275], hidrolise di-N-acetil quitobiose de ligações em oligossacarídeos e em muitas glicoproteínas tais como a ovalbumina sulfatada, a deoxi-ribonuclease A pancreática bovina, a ribonuclease B, a invertase de *S. cerevisiae*, tiroglobulina e imunoglobulina M. A especificidade da enzima para a moiety de di-N-acetil quitobiose associada a muitos polissacarídeos e glicoproteínas, facilitaram o isolamento, caracterização e clarificação da estrutura e função dos oligossacarídeos nestes polissacarídeos e glicoproteínas [276].

3.2.14. Perspectivas futuristas das quitinases

A enzima quitinolítica, bem como o seu substrato quitina e o seu produto quitooligossacarídeos têm atraído o interesse de muitos investigadores de várias disciplinas devido às suas versáteis aplicações na agricultura, medicina, ambiente, indústria e investigação académica. O sucesso na utilização das quitinases para estas aplicações depende do fornecimento de uma preparação altamente activa a um custo razoável. A maior parte do fornecedor utiliza a biodiversidade microbiana natural da quitinase geneticamente modificada sobre a produção de estirpes microbianas para obter preparações eficientes. A utilização de quitinases e a construção da proteína de fusão quitinase / quitosanase para o controlo eficiente dos fitopatógenos e o desenvolvimento de plantas transgénicas é uma das principais aplicações. Além disso, as quitinases podem ser utilizadas nos cuidados de saúde humana como vacinas, marcador de doenças, antitumor e após a produção de quitinase recombinante de mamíferos (Chitozyme) em 2005[277]. Pode ser utilizada num futuro próximo como agente terapêutico ou profiláctico contra a quitina contendo agentes patogénicos sob a forma de preparação oftálmica ;no passado dentário ou enxaguamento bucal, em loção corporal, em produto alimentar (ex. leite, queijo) e pode ser utilizada como kit de diagnóstico. Em geral, a compreensão da bioquímica das quitinases e da engenharia proteica combinada com técnicas modernas de biologia molecular, tais como a clonagem. A mutagénese e a evolução dirigida fornecerão novas e valiosas ferramentas para melhorar ou adaptar as propriedades enzimáticas aos requisitos desejados e à exploração de novas aplicações num futuro próximo.

Referências

1. **Jung, B.O., Roseman, S., e Park, J. (2008).** O conceito central da cascata catabólica de quitina na bactéria marinha, Vibrios.Macromol.Res.16 (1):1-5.

2. **Domard, A. (1996).** "Some physicochemical and structural basis for applicability of chitin and chitosan" in chitin and chitosan: The procedure of the second Asia pacific symposium, (Eds, Stevens, W.F., Rao, M.S., and Chandrkrachang, S.). Instituto Asiático de Tecnologia, Bankok, Tailândia, 1996. Pp.1-12.

3. **Rinando, M. (2006).** Chitina e quitosano: propriedades e aplicação. Progresso em Polymer Sience.31 (7):603-632.

4. **Romano, P., Fabritius, H., e Raabe, D. (2007).** O exosqueleto da lagosta *Homarus americanus* como exemplo de um material biológico anisotrópico inteligente Acta Biomaterialia, 3(3):301-309.

5. **Gooday, G.W., Woodman, J., Casson, E.A., e Browne, C.A. (1985).** Efeito da nikkomycin na formação da coluna vertebral da quitina na diatomácea *Thalassiosira fluviatilis* e observação sobre a sua absorção pelo péptido. FEMS. Microbiol. Lett. 28: 335-340.

6. **Sandford, P.A. (2004).** Advances in chitin science. vol (5) Proceeding from the international conference of the European Chitin Society. Carboidratos. Polym.56 (1):59-95.

7. **Gooday, G.W. (1995).** Diversidade de papéis para as quitinases na natureza em: quitina e quitosano. (MB. Zakaria, WM., Muda, M.P, Abdullah) pp. 191-202. Penerbit Universidade-kebangsan, Malásia.

8. **Muzzarelli, R.A.A., Ilari, P., Tarsi, R., Dubini, B. e Xia, W. (1994).** Chitosan de *Absidia coerulea*. Carboidratos. Polímero. 25: 45-50.

9. **Harishprashanth, K.V., e Tharanathan, R.N. (2007).** Chitin/chitosan: modificação e seu potencial de aplicação ilimitado. Uma visão geral. Tendências em ciência alimentar.18 (3):117-131.

10. **Madhavan, P. (1992).** Chitin, chitosan e as suas aplicações em romances. Série de conferências científicas, CIFT, Kochi, 1992, p.1.

11. **Hall, G.M., e De-Silva, S. (1992).** Fermentação com ácido láctico de resíduos de scampi (*Penaeus monodon*) para recuperação de quitina, em avanços na quitina e quitosano (Eds. Brine, C.J., Sandford, P.A, e Zakakis, J.P), Elsever, Applied science, Londres 1992, pp 633-668.

12. **Lang, S., Huang, T.Y., Wang, C.Y., Liang, T.W., Yen.Y.H, e Sakata, Y. (2008).** Bioconversão de lula por *Lactobacillus paracasei* sub.sp. *paracasei* TKU 010 para a produção de proteases e biofertilizantes para o crescimento de alface.Biores.Technol.99 (13):5436-5443.

13. **Lee, V.F (1974).** Solução e propriedades de cisalhamento da quitina e do quitosano. Dissertação de doutoramento, Universidade de Washington, microfilmes universitários. Ann Arbor, MI, EUA, Microfilme. 74-29 (1974). p. 446.

14. **Não, H.K., Meyers, S.P., Prinyawiwatkul, W. e Xu.Z. (2007).** Aplicação de quitosano para melhoria da qualidade e prazo de validade dos alimentos: Uma revisão J. Food Sci.72 (5) R87-R100.

15. **Şenel, S., e Mc lure, S. (2004).** Potencial aplicação de quitosano em medicina veterinária. Adv. Droga Deliv. Rev. 56: 1467 - 1480.

16. **Okamoto, Y., Watanabe, M., Miyatake, K., Morimoto, M., Shigemasa, Y., e Minami, Y. (2002).** Efeito da quitina / quitosano e seus oligómeros / monómeros na migração do fibroblasto e endotélio vascular. Biomaterial, 23: 1975 - 1979.

17. **Não, H. K., Park, N. Y., Lee, S.H., e Meyers, S.P. (2002).** Antibacterial activity of chitosans and chitosan oligomers with different molecular weights, Int. J. Food Microbiol. 74:65-72.

18. **Nagahama, H., New, R., Jayakumar, S., Koiwa, T., Furuike, H., e Tamur, J. (2008).** Novas membranas de quitina biodegradáveis para a engenharia de tecidos. Carbohyd.Polym.73 (2):295- 302.

19. **Kim, I.Y., Sio, S.Y., Moon, H.S., Yoo, M.K., Park, I.Y., Kim, B.C., e Cho, C.S. (2008).** Chitosano e seus derivados para aplicações de engenharia de tecidos. Biotechnol.Adv.26 (1):1-21.

20. **Kim, S.K., e Rajapakse, N. (2005).** Produção enzimática e actividades biológicas de oligossacarídeos quitosanos. Carboidratos.Polym.62 (4):357-368.

21. **Chow, K.S., Khor. E e Wan, A.C. (2001).** Matrizes de quitina porosa para fabrico de engenharia de tecidos e avaliação citotóxica *in-vitro*. J. Polym. Res 8: 27-35.

22. **Khor, E e Lim, LY. (2003).** Aplicações implantáveis de quitina e quitosano. Biomateriais. 24: 2339-2349.

23. **Okamoto, Y., Kawekami, K., Miyatake, K., Morimoto, M., Shigemosa, Y., e Minami, S. (2002).** Efeitos analgésicos da quitina e do quitosano. Carboidrato. Polímero. 49, 249 – 252.

24. **Ueno, H., Mori, T., e Fujinaga, T. (2001).** Formilação tópica e aplicações curativas de chitosan. Adv. Deliv. de drogas. Rev. 52; 105 - 115.

25. **Jeon, Y. J., Park, P.J., e Kim, S.K. (2004).** Propriedades de limpeza radical livre de hetero-chitooligossacarídeos usando uma espectroscopia ESR. Alimentos e químicos. Toxicol. 42: 381 – 387.

26. **Hirano, S. (1996).** Aplicações da biotecnologia de Chitin. Biotecnol. Annu. Rev. 2: 237-258.

27. **Tasker, R.A.R., Ross, S.J., Dohoo, S.E., e Elson, C.M. (1997).** Farmacocinética de uma

formulação injectável de libertação sustentada de morfina para uso em cães. J. Vet. Pharmacol. Ther. 20. 362-367.

28. **Vila, A., Sanchez, A., Janes, K., Behrens, I., Kissel, T., Jato, J.L. V, e Alonso, M.J. (2004).** Nanopartículas de quitosano de baixo peso molecular como novos portadores para o fornecimento de vacinas nasais em ratos. Eur. J. Pharm. e Biopharma. 57 (1) 123-131.

29. **Kato, Y., Onishi, H. e Machida, Y. (2003).** Aplicação de quitina e derivados de quitosano no campo farmacêutico. Moeda. Pharm. Biotechnol. 4 (5) 303-309

30. **Thakkar, H., Sharma, PK., Mishra, AK. Chuttani, K. e Murthy, R.S. (2004).** Eficácia das microesferas de quitosano para a entrega intra-articular controlada de celecoxib em articulação inflamada. J. Pharm. Pharmacol. 56 (9) 1091-1099.

31. **Veneroni, G., Veneroni, F., Contos, S., Debernardi, M., Guarineo, C., e Marletta, N. (1996).** Efeitos do novo integrador dietético de quitosana e dieta hipocalórica sobre a hiperlipidemia e o excesso de peso em doentes obesos. Acta Toxicol. Ter. 17, 53-70.

32. **Ventura, P. (1996).** Actividade de rebaixamento lipídico do quitosano, um novo integrador dietético em Chitin Enzymol. Vol 2, 1996, ed. R.A.A. Muzzarelli, Atec Edizioni, Ancona, Itália.

33. **Wuoljoki, E., Hirvela, T. e Ylitalo, P. (1999).** Diminuição do colesterol LDL sérico com quitosano microcristalino. Métodos Exp. Clin. Pharmacol. 21 (5): 357-361.

34. **Dutta, P.K., Ravikumar, M.N.V., e Dutta, J, (2002).** Chitin e chitosan para aplicações versáteis. J. Macromol. Sci. C42: 307-354.

35. **Krajewska, B. (2004).** Aplicação de quitina e materiais à base de quitosano para imobilização enzimática: uma revisão. Enz. Microb. Technol. 35: 126-2003.

36. **Çetinus ŞA e Öztop, H.N. (2003).** Imobilização da catalase em conta quimicamente reticulada de quitosana. Enz. Microb. Technol. 32: 889-894.

37. **Chen, X., Jia, J. e Dong, S. (2003).** Biossensor de glucose à base de sol-gel/citosano composto organicamente modificado. Electroanálise. 15: 608-612.

38. **Ohashi, E., e Karube, I. (1995).** Desenvolvimento de sensor de glucose de membrana fina usando β- tipo de quitina cristalina para biosensor implantável. J. Biotechnol. 40: 13-19.

39. **Luo, X.L., Xu, JJ. Wang, J. L., e Chen, HY. (2005).** Nano-composto depositado electroquimicamente de quitosano e nanotubos de carbono para aplicação de biosensores. Quimio. Comun. (Camb). 16: 2169-2171.

40. **Borchard, G. (2001).** Chitosano para a entrega de genes. Adv. Deliv. de drogas. Rev. 52: 145-150.

41. **Roy, K., Mao, H. Q., Huang, S. K. e Leong, K. W. (1999).** O fornecimento oral de genes com nanopartículas de quitosan-DNA gera protecção imunológica no modelo murino de alergia a nozes de ervilha. Nature Med. 5: 387-391.

42. **Thanon, M., Florea, B., Geldof, M., Jungingen, H.E. e Borchard, G. (2001).** Oligómeros quaternizados de quitosana como novos vectores de entrega de genes em linhas celulares epiteliais. Biomateriais. 23: 153-159.

43. **Xu, W., Shen, Y., Jiang, Z., Wang, Y., e Chu, Y., e Xiong, S (2004).** O fornecimento intranasal da vacina contra o chitosan-DNA gera protecção mucosa SIgA e anti-CVB3. Vacina. 22: 3603-3612.

44. **Cui, Z e Mumper, R. J. (2001).** Nanopartículas à base de quitosano para imunização genética tópica. J. controlo. Rel. 75 (3) 409-419.

45. **Somjit, K., Ruttanapornwareesakul, Y., Hara, K. e Nozaki, i. (2005).** O efeito crioprotector do hidrolisado de quitina de camarão e camarão sobre a desnaturação e água não congelada de surimi de Lizardfish durante o armazenamento congelado. Adv.Food.Nutr.Res.38 (4):345-355.

46. **Shahidi, F. et al. (1999).** Aplicações alimentares de quitina e quitosano. Trends Food Sci. Technol.

10: 37-51.

47. **Bailey, S.E. et al. (1990).** Uma revisão do sorbente potencialmente de baixo custo para metais pesados. Res. 33 de água: 2469-2479.

48. **Pascual, E e Julia, MR. (2001).** O papel do quitosano no acabamento da lã. J. Biotechnol. 89. (2-3) 289-296.

49. **Lim, S.H. (2002).** Síntese de derivado de quitosano fibroso reactivo e a sua aplicação ao tecido de algodão como acabamento antimicrobiano e tinturaria de melhoramento do agente Ph.D. Thesis North Carolina state university. EUA.

50. **Anuradha, M e Malvika, B. (2005).** Comportamento de floculação de águas residuais têxteis modelo tratadas com um polissacarídeo de qualidade alimentar. J. Perigo. Mater. 118 (1-3) 213-217.

51. **Huang, K.S., Wu, W.J., Chen, J.B., e Lian, H.S. (2008).** Aplicação de quitosano de baixo peso molecular em acabamento de prensa durável. Carbohyd.Polym.73 (2):254-260.

52. **Kartal, S. e Mand Yuji, I. (2005).** Remoção de crómio de cobre, e arsénico da madeira tratada com CCA sobre quitina e quitosano. Bioresour. Technol. 96 (3) 389-392.

53. **Sevtlana, P. e Kaichang, L. (2003).** Investigação de sistemas fenólicos de quitosan como adesivos de madeira. J. Biotechnol. 102 (2) 199-207.

54. **Arof, A., Subban, R.H.Y., e Radhakrishna, S. (1995).** In P.N Prasad (Ed) Polymer and other advanced materials emerging technologies and business, Plenum, New York, 1995. p 539.

55. **Makoi, J.R., e Ndakidemi, P.A. (2008).** Enzimas de solo seleccionadas: Exemplos dos seus potenciais papéis no ecossistema. Afr.J. Biotechnol.7 (3):181-191.

56. **Escott, G., e Adams, D.J. (1995).** Actividade quitinase em soro humano e leucócitos. Infec. Imnun. 63 (12): 4770-4773.

57. **Reyes, F., Calatayud, J e Martinez, M.J. (1989).** Endocitinase de *Aspergillus nidulans* implicada na autólise da sua parede celular. FEMS Microbiol. Lett. 60: 119-124.

58. **Vessey, J.C., e Pegg. G.F. (1993).** Autolise e produção de quitinase em culturas de *Verticillium alboatrum*. Trans. Br. Mycol. Soc. 60: 133-143.

59. **Salzer, P., Bonanom, A., Beyer, K., Vogeli-Lange, R., Aeschbacher, R.A., Lange, J., Wiemken, A., Kim, D., Cook, D.R e Boller, T. (2000).** Expressão diferencial de oito genes quitinase nas raízes da *truncatula de Medicago* durante a formação de *micorrizas*, nodulação e infecção por agentes patogénicos. Mol. planta-micróbica Interac. 13: 763-777.

60. **Goormachtig, S., Lievens, S., Van de-Welde, W., Van Montagu, M e Holsters, M. (1998).** Srchi13, uma nodulina precoce de *Sesbania rostata* está relacionada com as quitinases ácidas de classe III. Célula Vegetal, 10: 905-915.

61. **Jung, w.l. , Mabood, F., Souleimanov, A., Park, R.D. e Smith, D.L. (2008).** Chitinase produzida por *Paenibacillus illinoisensis* e *Bacillus thuringiensis* sub sp. *Pakistani* degrade nod factor do *Bradyrhizobium japonicum*. Microbiano. Res. 163(3):345-349.

62. **Salzer, P., Hübner, B., Sirrenberg, A. e Hayer, A. (1997).** Efeito diferencial das quitinases de abeto purificadas e β- 1.3- glucanases sobre a actividade dos elicitors dos fungos ectomicorrízicos. Fisiol vegetal. 114: 957-968.

63. **Robinson, S.P., Jacobs, A.K., e Dry, I.B. (1997).** Uma quitinase de classe IV é altamente expressa em bagas de uva durante a maturação. . Fisiol Vegetal. 114: 771-778.

64. **Clendennen, S.K., e May, G.D. (1997).** Expressão genética diferencial no amadurecimento do fruto da banana. Fisiol vegetal. 115: 463-469.

65. **Sahai, A.S., e Manocha, M.S. (1993).** Quitinases de fungos e plantas, o seu envolvimento na morfogénese e interacção hospedeiro-parasita. FEMS Microbiol. Rev. 11: 317-338.

66. **Harman, G.E., Hayes, CK., Lorito, M., Broadway, R.m., Dipietro, A., Peterbauer, C., e Tronsmo, A. (1993).** Enzimas quitinolíticas de *Trichoderma harzianum*: purificação da quitobiosidase e endocitinase. Fitopatol. 83: 313-318.

67. **Henrissat, B.A. (1991).** Classificação das hidrolases glicosil baseadas em semelhanças de sequência amimoácida. Biochem. J. 280: 309- 316.

68. **Jekel, PA, Hartmann, J.B.H., e Beintema, JJ (1991).** A estrutura primária da hevamina, uma enzima com actividade lisozima / quitinase para o látex de *Havea brasiliensis*. Eur.J. Biochem. 200: 123-130.

69. **Wang, S.L e Chang, W.T (1997).** Purificação e caracterização de duas quitinase/lysozymes bifuncionais extracelulares produzidas por *Pseudomonas aeruginosa* K-187 num meio de camarão e caranguejo em pó. Apreciação. Ambiente. Microbiol. 63 (2): 380-386.

70. **Melchers, L.S., Apotheker De-Groot, M., Van-Der knaap, J.A., Ponstein, AS., Sela. Burlage, M.B., Bol J.F., Cornelissen, B.J.C., Van-Der Elzen, P.J.M., e Linthost, H.J.M. (1994).** Uma nova classe de quitinases de tabaco homólogas às exo quitinases bacterianas exibe actividade antifúngica. Planta. J. 5: 569- 580.

71. **Morimoto, K., Karita S., Kimura, T., Sakka, K e Ohmiya, K. (1997).** Clonagem, sequenciação e expressão do gene codificador *Clostridium paraputrificum* chitinase chi-B e análise das funções de novos domínios tipo cadherin e de um domínio de ligação à quitina. J. Bacteriol.179:7306-7314.

72. **Watanabe, T., Oyanagi, W., Suzuki, K., Ohnishi, K., e Tanaka, H. (1992).** Estrutura do gene que codifica a quitinase D de *Bacillus circulans* WL-12 e possível homologia da enzima a outras quitinases procarióticas e chitinases vegetais de classe III. J. Bacteriol. 174 (2): 408-414.

73. **Patil, R.S., Ghormade, V., e Deshpande, MV. (2000).** Enzimas quitinolíticas: uma exploração. Enz. Microb. Technol. 26: 473-483.

74. **Tsujibo, H., Orikoshi, H., Imada, C., Okami, Y., Mijamoto, K., e Inamori, Y. (1993).** Mutação de quitinase da estirpe 0-7 de *Alteromonas* sp. dirigida ao local. Biosc. Biotecnologia. Biochem. 57: 1396-1397.

75. **Orikoshi,H. Nakayama,S.,Hanato,C.,Miyamoto,K.,e Tsujibo,H. (2005).** Papel do domínio da N- doença renal poliquística terminal na degradação da quitina por quitinase A a partir de uma bactéria marinha na estirpe *Alteromonas* sp. 07. J.Appl. Microbiol. 99(3): 551-557.

76. **Samac, D.A., Hironaka, C.M., Yallaly, P.E., e Shah, DM. (1990).** Isolamento e caracterização de genes que codificam quitinases básicas e ácidas em *Arabidopsis thaliana*. Fisiol vegetal. 93: 907-914.

77. **Takayanagi, T., Ajisaka, K., Takiguchi, Y., e Shimahara, K. (1991).** Isolamento e caracterização de quitinases termoestáveis de *Bacillus licheniformis* X-7u. Biochimica, Biophysica Acta. 1378: 404-410.

78. **Ohishi, K., Yamagishi, M., Ohta, T. Suziki, M., Izumida, H., Sano, H et al. (1996).** Purificação e propriedades de duas quitinases de *Vibrio alginolyticus* H-8. J. Fermentação. Bioeng. 82: 598-600.

79. **Aunpad, R., e Panbamgrad, W. (2003).** Clonagem e caracterização do gene da quitinase C expresso constitutivamente a partir de uma bactéria marinha *Salinivibrio costicola* estirpe 5SM-1. J. Biosc. Bioeng.

80. **Cabib, E. (1988).** Ensaio para quitinase usando quitina tritiated in: Wood WA, kelloggst, editores. Métodos em enzimol. Vol 61 San Diego CA: Imprensa académica, p: 424- 426.

81. **Yang, Y., e Hamaguchi, K. (1980).** Hidrólise de 4 methyl umbelliferyl. N-acetil-quitotriosidase catalisada por lisozimas de galinha e de peru. J. Biochem. 87: 1003- 1014.

82. **Fuchs, R.L., Mc Pherson, S.A., e Drahos, D.J. (1986).** Clonagem de *Serratia marcescens* codificação genética da quitinase. Aplic. ambiente. Microbiol. 51 (3): 504-509.

83. **Helistő, P., Aktuganov, G., Galimzianova, N., Melentjev, A., e Korpela, T. (2001).** Complexo enzimático lítico de um *Bacillus* sp. X-b antagónico: isolamento e purificação de componentes. J. Chromato. B. 758: 197-205.

84. **Bhushan, B e Hoondal, G.S. (1998).** Isolamento, purificação e propriedades de uma quitinase termoestável de um *Bacillus* sp. alcalófila BG-11. Biotecnol. Lett. 20 (2): 157- 159.

85. **Sakai, K., Yokota, A., Kurokawa, H., Wakayama, M e Moriguchi, M (1998).** Purificação e caracterização de três endoquitinases termoestáveis de uma estirpe nobre de *Bacillus*, MH-1 isolada de composto contendo quitina. Apreciação. Ambiente. Microbiol. 64 (9): 3397- 3402.

86. **Shimosaka, M., Nogawa, M., Wang, X., Kumehara, M. e Okazaki, M. (1995).** Produção de duas quitosanases a partir de uma bactéria quitosana-assimiladora, *Acinetobacter* sp. estirpe CHB101. Apreciação. Environ. Microbiol. 61 (2): 438-442.

87. **Guo, S.H., Chen, J.X e Lee, W.C. (2004).** Purificação e caracterização da quitinase extracelular de *Aeromonas Schubertii*. Enz. Microb. Technol. 35: 550-556.

88. **Chiang, C.L., Chang, C.T. e Sung, H.S. (2003).** Purificação e propriedades da quitosanase a partir de um mutante de *Bacillus subtilis* IMR-NK1. Enz.Microb. Technol. 32: 260- 267.

89. **Wang, S.Y., Moyne, A.L., Thottappilly, G., Wu, S.J., Locy, R.D e Singh, N. K. (2001).** Purificação e caracterização de *Bacillus cereus* exochitinase. Enz. Microb. Technol. 28: 492-498

90. **Watanabe, T., Oyanagi, W., Suzuki, K e Tanaka, H (1990).** Sistema de quitinase de *Bacillus circulans* WL-12 e importância da quitinase Al na degradação da quitinase. J. Bacteriol. 172 (7): 4017-4022.

92. **Frandberg, E., e Schnurer, J. (1994).** Propriedades quitinolíticas do *Bacillus pabuli* k1. J. Appl. Bacteriol, 76: 361-367.

93. **Kim, P., Kang, T., Chung, Chung, K., Kim, I e Chung, K (2004).** Purificação de uma quitosanase constitutiva produzida por *Bacillus* sp. MET 1299 com clonagem e expressão do gene. FEMS.Microbiol. Lett. 240: 31-39.

94. **Wen, C., Teseng, C., Cheng, C., e Li, Y. (2002).** Purificação, caracterização e clonagem de uma quitinase de *Bacillus* sp. NTU2. Biotecnol. App. Biochem. 35: 213-219.

95. **Yuli, P.E., Suhartono, M.T., Rukayadi, Y., Hwanj, J. K e Pyun, Y.R. (2004).** Características das enzimas termoestáveis de quitinase do *Bacillus* sp. 13.26 da Indonésia. Enz. Microb. Technol. 35: 147-153.

96. **Sakai, K., Narihara, M., Kasama, Y., Wakayama, M e Moriguchi, M. (1994).** Purificação e caracterização do termoestável β-N-acethyl hexosaminidase de *Bacillus stearothermophilus* CH-4 isolado de composto contendo quitina. Aplic. Ambiente. Microbiol. 60 (8): 2911-2915.

97. **Chen, H.C., Hsu, M.F., e Jiang, S.T. (1997).** Purificação e caracterização de uma exo- N, N-diacetilcitobiohidrolase - como a enzima de *Cellulomonas flavigena* NTOU1. Enz.Microb. Technol. 20: 191-197.

98. **Dahiya, N., Tewari, R., Tewari, R.P. e Hoondal, G.S. (2005).** Chitinase de *Enterobacter* sp. NRG4: o seu padrão de purificação, caracterização e reacção. Electrónica. J. Boitechnol. 8 (2): 134-145.

99. **Gohel, V., Chavdhary, T., Vyas, P. e Chhatpar, H.S. (2005).** Argolas estatísticas de componentes médios para a produção de quitinase pelo isolado marinho *Pantoea dispersa*. Biochem. Eng. 28 (1): 50-56.

100. **Suginta, W., Vongswnan, A., Songsiritthigul, C., Prinz, H., Estibeiro, P., Duncan, R.R., Svasti, J. Linda e Gilmore, F. (2004).** Endochitinase de *Vibrio carchariae*: clonagem, análise de massa de expressão e sequência, e hidrólise de quitina. Arco. Biochem. Biofísica. 424: 171-180.

101. **El-sayed, E., Ezzat, S.M., Ghaly, M.F., Mansour, M e El-Bohey, M.A. (1999).** Purificação e caracterização de duas quitinases de *Streptomyces albovinaceus* S-22. J. Árbitro da União. Biol. 8 (B). Microbiologia e vírus 149-163, 6ª conferência internacional 8-11 Nov. 1999.

102. **Nawani, N.N e Kapadnis, B.P (2005).** Optimização da produção de quitinase utilizando desenhos experimentais baseados em estatísticas. Processo. Biochem. 40: 651-660.

103. **Tanabe, T., Kawase, T., Watanabe, T., Uchida, Y, e Mitsutomi, M. (2000).** Purificação e caracterização de uma quitinase 49-Kda de *Streptomyces griseus* HUT 6037. J. Biosc. Bioeng. 89 (1): 27-32.

104. **Mahadevan, B e Crawford, D.L. (1997).** Propriedades da quitinase do agente biocontrol antifúngico *Streptomyces lydicus* WYEC 108. Enz. Microb. Technol. 20: 489-493.

105. **Tsujibo, H., Minoura, K., Miyamoto, K., Endo, H., Moriwaki, M, e Inamori, Y. (1993).** Purificação e propriedades de uma quitinase termoestável de *Streptomyces thermoviolaceus* OPC-520. Aplic. Ambiente. Microbiol. 59 (2): 620-622.

106. **Blaiseau, P.L., Kunz, C., Grison, R., Bertheau, Y., e Brygoo, Y. (1992).** Clonagem e caracterização do gene da quitinase do *álbum do* hiperparasitário fungo *Aphanocladium.* Moeda. Genet. 21: 61-66.

107. **Rattanakit, N., Plikomol, A., Yano, S., Wakayama, M., e Tachiki, T. (2002).** Utilização de desperdícios de peixe com casca de camarão como substrato para o cultivo em estado sólido de *Aspergillus* sp. S1-13: Avaliação de uma cultura baseada na formação de quitinase que é necessária para a assimilação da quitina. J. Biosc. Bioeng. 93 (6): 550-556.

108. **Pinto, A.D., Barreto, C.C., Schrank, A., Ulhoa, C.J., e Vainstein, M.H. (1997).** Purificação e caracterização de uma quitinase extracelular a partir do entomopatógeno *Metarhizium anisopliae.* Can. J. Microbiol.43: 322-327.

109. **Tweddell, R. J., Jabaji-Hare, SH, Charest, P.M. (1994).** Produção de chitinase e β-1, 3-glucanase por *Stachybotrys elegans*, um micoparasita da *Rhizoctonia solani.* Aplic. Environ. Microbiol. 60: 489-498.

110. **Nampoothiri, K.M., Baiju, T.V., Sandhya, C., Sabu, A., Szakacs, G e Pandey, A. (2003).** Optimização do processo de produção de quitinase antifúngica por *Trichoderma harzianum.* Processo. Biochem. 39 (11): 1583-1590.

111. **Liu, B.L., Kao, P.M., Tzeng, Y.M. e Feng, K.C. (2003).** Produção de chitinase a partir de *Verticillium lecanii.* Enz. Microb. Technol. 33: 110-115.

112. **Patil, R.S., Ghormade, V., e Deshpande, MV. (2000).** Enzimas quitinolíticas: uma exploração. Enz. Microb. Technol. 26: 473-483.

113. **Shimosaka, M., Nogawa, M., Wang, X., Kumehara, M. e Okazaki, M. (1995).** Produção de duas quitosanases a partir de uma bactéria quitosana-assimiladora, *Acinetobacter* sp. estirpe CHB101. App. Environ. Microbiol. 61 (2): 438-442.

114. **Inban, J., e Chet, I. (1991).** Provas de que a quitinase produzida por *Aeromonas caviae* está envolvida no controlo biológico dos agentes patogénicos das plantas transportadas pelo solo por esta bactéria. Solo. Biol. Bioquímica. 23: 973-978.

115. **Wang, S.L e Chang, W.T (1997).** Purificação e caracterização de duas quitinase/lysozymes bifuncionais extracelulares produzidas por *Pseudomonas aeruginosa* K-187 num meio de camarão e caranguejo em pó. Apreciação. Ambiente. Microbiol. 63 (2): 380-386.

116. **Tsujibo, H., Yoshida, Y., Miyamoto, K., Imada, C., Okami, Y., e Inamori, Y. (1992).** Purificação, propriedades e sequência parcial de aminoácidos de uma quitinase marinha *Alteromonas* sp. estirpe 07. Can. J. Microbiol. 64: 472-478.

117. **Orikoshi, H., Baba, N., Nakayama, S., Kashu, H., Miyamoto, K., Yasuda, M., Inamori, Y., e Tsujibo, H. (2003).** Análise molecular do gene que codifica um novo resfriado - chitinase adaptada (Chib) de uma bactéria marinha Alteromonas sp. estirpe 0,7. J. Bacteriol. 185 (4): 1153-1160.

118. **Tsujibo, H., Orikoshi, H., Shiotani, K., Hayashi, M., Umeda, J., Miyamoto, K., Imada, C., Okami, Y., e Inamori, Y. (1998).** Characterization of chitinase C from a marine bacterium *Alteromonas* sp. strain 0-7 and its corresponding gene and domain structure, Appl. Environ. Microbiol. 64 (2): 472-478.

119. **Chen, C.T., Huang, C. J., Wang, Y.H., e Chen, C.Y. (2004).** Duas etapas de purificação de *Bacillus circulans* chitinase A1 expressas em *Escherichia coli* periplasm. Prot. Express. Purificar. 37: 27-31.

120. **Wen, C., Teseng, C., Cheng, C., e Li, Y. (2002).** Purificação, caracterização e clonagem de uma quitinase de *Bacillus* sp. NTU2. Biotecnol. App. Biochem. 35: 213-219.

121. **Brurberg, M.B., Eijsink, V.G.H., e Nes, I.F. (1994).** Caracterização de um gene da quitinase (Chi a) de *Serratia marcescens* BJL 200 e purificação de uma etapa do produto genético. FEMS. Microbiol. Lett. 124: 399-404.

122. **Tsujibo, H., Minoura, K., Miyamoto, K., Endo, H., Moriwaki, M, e Inamori, Y. (1993).** Purificação e propriedades de uma quitinase termoestável de *Streptomyces thermoviolaceus* OPC-520. Aplic. Ambiente. Microbiol. 59 (2): 620-622.

123. **Teotia, S., Lata, R e Gupta, M.N. (2004).** Quitosano como ligante de macro afinidade e purificação de quitinases por precipitação de afinidade e extracções aquosas em duas fases. J. Chromato. A. 1052: 85-91.

124. Yanai, K., Takaya, N., Kojima, N., Horiuchi, H., Ohta, A. e Takagi, M. (1992). Purificação de duas quitinases de *Rhizopus oligosporus* e isolamento e sequenciação dos genes codificadores. J. Bacteriol. 174: 7398-7406.

125. **Molano, J., Polacheck, I., Duran, A e Cabib, E. (1979).** Uma endoquitinase da actividade de germes de trigo sobre a quitina nascente e pré-formada. J. Biol. chem. 254 (11): 4901-4907.

126. **Lundblad, G., Elander, M., Lind, J e Sletteugen, K. (1979).** Quitinase de soro de bovino. Eur. J. Biochem. 100: 455-460.

127. **Tang, Y., Zhao, J., Ding, S., Liv, S., e Yang, Z. (2001).** Purificação e propriedades da quitinase de *Enterobacter aerogenes*. Wei Sheng Wu Xue Bao.Acta Microbiologica Sinica: 41 (1): 82-86.

128. **Tominage, Y., e Tsujisaka, Y. (1976).** Purificação e algumas propriedades de duas quitinases de *Streptomyces orientalis* que lise a parede celular de *Rhizopus*. Agric. Biol. Chem. 40: 2325- 2333.

129. **Okazaki, K e Tagawa, K. (1991).** Purificação e propriedades da quitinase de *Streptomyces cinereoruber*. J. Ferment. Bioeng. 71: 237-241.

130. **Usui, T., Hayashi, Y., Nanjo, F., e Sakai, K (1987).** Reacção de transglicose de uma quitinase purificada a partir de *Nocardia orientalis*. Biochim. Biófilas. Acta. 923: 302-309.

131. **Frankowsk, J., Lorito, M., Scala, F., Shmid, R., Berg, G., e Bahl, H. (2001).** Purificação e propriedades de duas enzimas quitinolíticas de *Serratia phymuthica* HRO-C48. Arco. Microbiol. (176) 6: 421-426.

132. **Howard, M. B., Ekborg, N.A., Taylor, L.E., Weiner, R. M e Hutcheson, S.W. (2004).** A quitinase B de *Microbulbifer degradans* 2-40 contém dois domínios catalíticos com actividades quitinolíticas diferentes. J. Bacteriol. 186 (5): 1297-1303.

133. **Bhushan, B. (2000).** Produção e caracterização de quitinase termoestável a partir de um novo *Bacillus* sp. alcalófila BG-11. J. Aplic. Microbiol. 88: 800-808.

134. **Chernin, L., Ismailov, Z., Haron, S e Chet, I. (1995).** Chitinolytic *Enterobacter agglomerans* antagonistic to fungal plant pathogens, Appl. Environ. Microbiol. 61 (5): 1720-1726.

135. **Park, J.K., Morita, K., Fukumoto, I., Yamasaki, Y., Nakagawa, T., Kawamukai, M. e Matsuda, H. (1997).** Purificação e caracterização da quitinase (chia) de *Enterobacter* sp. G-1. Biosc. Biotech. Biochem. 61 (4): 684-689.

136. **Mellor, K.J., Nicholas, R.O. e Adams, D.J. (1994).** Purificação e caracterização da quitinase de *Candida albicans*. FEMS. Microb. Lett. 119: 111-118.

137. **Abeles, F.B., Bosshort, R.P., Forrence, L.E e Habig, W.H. (1970).** Propriedades e purificação da glucanase e da quitinase das folhas de feijão. Planta. fisiol. 47: 129-134.

138. **Huang, C.J., e Chen, C.Y. (2005).** Expressão e caracterização de alto nível de duas quitinases chi ch e chi cw de *Bacillus cereus* 28-9 em *Escherichia coli*. Biochem. Biofísica. Res. Comun. 327:8-17.

139. **Lee, H-S., Han, D-S., Choi, S-J., Choi, S-W., Kim, Y., Bai, D-H., e YU, J-H. (2000).** Purificação, caracterização, e estrutura primária de uma quitinase de *Pseudomonas* sp. YHS-A2. Aplic. Microbiol. Biotecnol. 54 (3): 397-405.

140. **Yong, T., Hong. J., Zhangfu, L., Li. Z., Xiucqiong, D., KE, T., Shaorong, G., e Shigui, L. (2005).** Purificação e caracterização de uma quitinase extracelular produzida pela bactéria C4. Ann. Microbiol. 55 (3): 213-218.

141. **Mellor, K.J., Nicholas, R.O. e Adams, D.J. (1994).** Purificação e caracterização da quitinase de *Candida albicans*. FEMS. Microb. Lett.119:111-118.

142. **Humphreys, A. M., e Gooday, G.W. (1984).** Propriedades das actividades de quitinase de *Mucor mucedo* : Evidência de uma forma de zymogenes ligados à membrana. J. Gen. Microbiol. 130: 1359-1366.

143. **Bartnicki-Garcia, S., (1968).** Química da parede celular, morfogénese e taxonomia de fungos. Ann. Rev. Microbiol. 22: 87-108.

144. **Parke, J.L., Rand, R.E., Joy, A.E. e King, E.B. (1991).** Controlo biológico da podridão das raízes das ervilhas por aplicação de *Pseudomonas cepacia* ou *P. fluorescens* à semente. Planta Dis. 75: 987-992.

145. **Knaape, C. (1994).** Utilização de *Xanthomonas maltophilia* para controlo biológico de Rhizoctonia *solani* e *Verticillium dahliae*. Dissolução. Univ. Rostock. 115 S.

146. **Zhao, J., L., J., e Kong, F. (2003).** Actividade de biocontrolo contra *Botrytis cinera* por *Bacillus subtilis* 728 isolado do ambiente marinho. Ann. Microbiol. 53: 29-35.

147. **Tronsmo, A. (1991).** Controlos biológicos e integrados de *Botrytis cinera* sobre maçã com *Trichoderma harzianum*. Biol. controlo. 1: 59-62.

148. **Tagawa, K., e Okazaki, K. (1991).** Isolamento e algumas condições culturais de espécies de *Streptomyces* que produzem enzimas lysing *Aspergillus niger* cell wall. J. Ferment. Bioeng. 71: 230-236.

149. **Mathivanan, N., Kabilan, V., e Murugesan, K (1998).** Caracterização da purificação e actividade antifúngica da quitinase de *Fusarium chlamidosporium*, um micoparasita a ferrugem de nozes moídas, *Puccinia arachidis*. Pode. J. Microbiol. 44: 646-651.

150. **Toyoda, H., Matsuds, Y., Yamaga, T., Ikada, S., Morita, M., Tamai, T. e Ouchi, S. (1991).** Relatórios de células vegetais. 10: 217-220.

151. **Hirosato, T. e Watanabe, T. (1995).** Glucanases e quitinases de *Bacillus circulans* WL-12. J. Indust. Microbiol. 14 (6): 478-483.

152. **Handelsman, J.S., Raffel, E.H., Mester, L., Wunderlich, e Gran, C.R. (1990).** Controlo biológico do amortecimento das mudas de alfafa por *Bacillus cereus* UW85. Aplic. Environ. Microbiol. 56: 713-718.

153. **Handelsman, J., Nesmith, W.C., e Raffel, S.J. (1991).** Microensaio para controlo biológico e químico da infecção do tabaco por *Phytophthora parasitica* var. *nicotianae*. Moeda. Microbiol. 22: 317-319.

154. **Smith, K.P., Havey, M.J., e Handelsman, J. (1993).** Supressão da fuga de algodão de pepino com a estirpe *Bacillus cereus* UW85. Dis. 77: 139-142.

155. **Phipps, P.M. (1992).** Evaluation of biological agents for control of *Sclerotinia* blight of pea nut, 1991. Biol. Controlo de testes culturais. Planta. Dis. 7: 60.

156. **Shapira, R., Ordentlich, A., Chet I e Oppenheim, A.B. (1989).** Controlo de doenças das plantas por quitinase expressa a partir de ADN clonado em *Esherichia coli*. Phytopnthol. 79: 1246-1249.

157. **Shapira, R., Ordentlich, A., Chet I e Oppenheim, A.B. (1989).** Controlo de doenças das plantas por quitinase expressa a partir de ADN clonado em *Esherichia coli*. Phytopnthol. 79: 1246-1249.

158. **Rajkuman, M., Lee, K.J., e Freitas, H. (2008).** Efeito da quitina e do ácido salicílico na actividade de controlo biológico de *Pseudomonas* sp. contra o amortecimento da pimenta. Sul-africano. J. Botany.74 (2):268-273.

159. **Sneh, B., Schuster, S., e Gross, S. (1983).** Melhoria da actividade insecticida de *Bacillus thuringiensis* var. *entomocidus* sobre larvas de *Spodoptera littoralis* (Lepiodoptera, Noctuidae) por adição de bactérias quitinolíticas, um fagostimulante e um protector dos raios UV. Z. Angew. Entomol. 96: 77-83.

160. **Tantimavanich, S., pantuwatana, S., Bhmiratana, A. e panbangred, W. (1997).** Clonagem de um gene da quitinase em *Bacillus thuringiensis* serovar *aizawai* para aumentar a actividade insecticida. J. Gen. Appl. Microbiol. 43: 341-347.

161. **Smirnoff, W.A., Randall, A.P., Martineau, R., Haliburton, W. e Juneau, A. (1973).** Teste de campo da eficácia do aditivo quitinase para *Bacillus thuringiensis berliner* contra *Choristoneura fumiferana*. Choristoneura fumiferana. J. Forest. Res. 3: 228-236.

162. **Wiwat, C., Thaithanun, S., Pantuwatana, S., e Bhumiratana, A. (2000).** Toxicidade da quitinase produzindo *Bacillus thuringiensis* sub sp. *kurstaki* HD-1 (G) em direcção a *Plutella xylotella*.

J. Inverter. Pathol. 76: 270-277.

163. **Lee, M.K., Curtiss, A., Alcantaro, E., e Dean, D.H. (1996)**. Efeito sinergético das toxinas *Bacillus thuringiensis* Cry IAa e Cry IAc sobre a traça cigana. *Lymantria dispar*. Appl. Environ. Microbiol. 62: 583-586.

164. **Higuchi, T., Okubo, K., Saiga, T., e Senda, S. (1998)**. Tratamento enzimático no controlo de pragas de insectos com fungos entomopatogénicos. Jpn Kokai, Tokkyo Koho JP 10067613 A210 Mar 1998 Heisei. (CA. 128: patente 254077).

165. **Etzel, R.W., e Petitt, FL. (1992)**. Associação de *Verticillium lecanii* com redução populacional de pulgão de raiz de arroz vermelho (*Rhopalosiphum rufiabdominalis*) em abóboras cultivadas em aeroportos. Fla. Entomol. 75: 605-606.

166. **Jackson, C.W., Heale, J.B., e Hall, RA. (1985)**. Traços associados à virulência ao afídeo *Macrosiphoniella sanborni* em dezoito isolados de *Verticillium lecanii*. Ann. Appl. Biol. 106: 39-48.

167. **Barson, G. (1976)**. Estudos laboratoriais sobre o fungo *Verticillium lecanii*, um patogénico larval do escaravelho da casca do olmo grande (*Scolytus scolytus*). Ann. Appl. Biol. 83: 207-214.

168. **Johnson, D.L., Huang, H.C., e Harper, AM. (1988)**. Mortalidade dos gafanhotos (Orthoptera: Acrididae) inoculados com o isolado canadiano do fungo *Verticillium lecanii*. J. Invert. Pathol. 52: 335-342.

169. **Khachatourians, GG. (1992)**. Virulência de cinco linhagens *Beauveria*, *Paecilomyces farinosus* e *Verticillium lecanii* contra o gafanhoto migratório, *Melanoplus sanguinipes* . J. Inverter. Pathol. 59: 212-214.

170. **Gopalakrishnan, C. (1989)**. Susceptibilidade da mariposa de dorso de repolho *Plutella xylostella* L. ao patogénico entomofungal *Verticillium lecanii* (Zimmerman). Viegas. Moeda.

Sci. 58: 1256-1257.

171. **Hall, R.A. (1981).** Estudos laboratoriais sobre os efeitos dos fungicidas acaricidas e insecticidas sobre o fungo entomopatogénico, *Verticillium lecanii*. Entomol. Exp. Aplic. 29: 39-48.

172. **Meyer, S.L.F., Johnson, G., Dimock, M., Fahey, J.W., e Huettel, R.N. (1997).** Eficácia de campo de *Verticillium lecanii*, feromona sexual e análogos de feromona potenciais agentes de gestão para o nemátodo do quisto da soja. J. Nematol. 29: 282-288.

173. **Mondal, K.K., Chatterjee, S.C., Viswakarma, N., Bhattacharya, R.C., e Grover, A. (2004).** Chitinase mediou a actividade inibitória da transgenia de *Brassica* no crescimento de *Alternaria brassicae*. Moeda. Microbiol. 47 (3): 171-173.

174. **Mazial, M., Sreeramanan, S.Pauad, A., e Sariah, A. (2008).** Produção de cultivo de bananas transgénicas, rastali (AAB) através da transformação *mediada por Agrobacterium* com o gene da quitinase do arroz . J.Plant Sci.2 (5):504-517.

175. **Ficker, M., Wemmer, T. e Thompson, R.D. (1997).** Um promotor que dirige a expressão de alto nível em pistilos de plantas transgénicas. Planta. Mol. Biol. 35: 425-431.

176. **Punjaz, Z.K., e Rohorzo, S.H.T. (1996).** Resposta de pepinos transgénicos e plantas de cenoura expressando diferentes enzimas de quitinase à inoculação com agentes patogénicos fúngicos. Plantas. Dis. 80 (9): 999-1005.

177. **Kim, J.K., Janq, I.C., Wu, R., Zuo, W.N., Boston, R.S., Lee, Y.H., Ahn, I.P., e Nahm, B.H. (2003).** A coexpressão de um ribossomo de milho modificado que inactiva a proteína e o gene da quitinase básica do arroz em plantas transgénicas de arroz confere maior resistência ao flagelo da bainha. Res. 12 (4) transgénica: 474-484.

178. **Skiriver, K., Hansen, B.V., e Andersen, MD. (1996).** Papel funcional da Glu 89 em 26 KDA endoquitinase de cevada em relação ao mecanismo hidrolítico das quitinases vegetais. Em: 'Muzzarelli RAA, editon. Chitin Enzymol. Vol.2 Grottammare, Eur. Chitin. Soc. pp. 103-108.

179. **Benhamou, N., Broglie, K., Chet, I. e Broglie, R. (1993).** Cytology of infection of 35S bean chitinase transgenic canola plants by *Rhizoctonia solani*: Cytochemical aspects of chitin breakdown in vivo. Planta J. 4: 295-305.

180. **Kumar, S.M., Kumar, B.K., Sharma, K.K., e Devi, P. (2004).** Transformação genética da ervilha-de-pombos com o gene da quitinase do arroz. Reprodução de plantas. 123 (5): 485-489.

181. **Mc cofferty, HR., Moore, PH., e Zhu, YJ. (2006).** Melhoria da tolerância da *papaia Carica* ao ácaro aranha carmim pela expressão de *Manduca sexta* chitinase transgene. Res. 15 (3) transgénica: 337-347.

182. **Kwon, Y., Kim, SH., Junq, MS., Kim, MS., Oh, J.E., Ju, H.W., Kim, KI., Vierling, E., Lee, H., e Honq, S.W. (2007).** *Arabidopsis* hot2 codificações e endoquitinase - como proteínas essenciais para a tolerância ao calor, sal e stress de seca. Planta J. 49 (2): 184-193.

183. **Ferron, P. (1985).** Controlo fúngico. In: Kerkut, G.A., Gilbert, LI., editores. Bioquímica e farmacologia abrangente de insectos. Vol.12 Oxford: Pergamon press. 313- 346.

184. **Shaikh, S.A., e Deshpande, MV. (1993).** Enzimas quitinolíticas: a sua contribuição para a investigação básica e aplicada. Mundo J. Microbial. Biotecnol. 9: 468-475.

185. **Mendonsa, E.S., Vartak, PH., Rao, JU e Deshpande, MV. (1996).** Uma enzima de *Myrothecium verrucaria* que degrada as cutículas de insectos para o controlo biocontrol do mosquito *Aedes aegypti*. Biotecnol. Lett. 18: 373-376.

186. **Debarjac, H. (1990).** Caracterização e visão prospectiva de *Bacillus thuringiensis israelensis.* No controlo bacteriano de mosquitos e moscas negras. pp. 10-15. Editado por H. Debarjac e D.J. Sutherland. Rutgers. Imprensa universitária da Rutgers.

187. **Lysenka, O. (1976).** Quitinase de *Serratia marcescens* e a sua toxicidade para os insectos. J. Inverter.

Pathol. 27: 385-386.

188. **Donnelly, L. E. e Barnes, P.J. (2004).** A quitinase ácida de mamíferos é um alvo potencial para a terapia da asma. Tendências em farmacol. Sci. 25 (10): 509-511.

189. **Sakuda, S., Isogai, A., Matsumoto, S., Suzuki, A e Koseki, K. (1986).** A estrutura de Allosamidin, um novo inibidor da quitinase de insectos produzido por *Streptomyces* sp. Tetrahedron Lett. 27: 2475-2478.

190. **Sakuda, S. (1996).** Estudos sobre os inibidores da quitinase, Allosamidinas. Em Mozzarelli, RAA, editor. Chitin Enzymol. Vol 2. Grottammare. Eur. Chitin Soc. pp. 203-212.

191. **Sakuda, S., Isogai, A., Matsumoto, S., e Suzuki, A. (1987).** Procura de reguladores de crescimento de insectos microbianos. II. Allosamidin, um novo inibidor da quitinase de insectos. J. Antibiot. 40: 296-300.

192. **Koga, D., Isogai, A., Sankuda, S., Matsumoto, S., Suzuki, A., Kimura, Areia e Ideia. A. (1987).** Inibição específica da *Bombyx mori* chitinase por allosamidin. Agric. Biol. Chem. 51: 471-476.

193. **Koga, D., Mai, M.S., Dziadik-Turner, C., e Kramer, K.J. (1982).** Kenetics of exochitinase and β-N-acetyl hexosaminidase from the tobacco, *Mainduca sexta.* Inseto. Biochem. 12: 493-499.

194. **Sakuda, S., Nishimoto, Y., Ohi, M., Watanabe, M., Takayama, S., Isogai, A., e yamada, Y (1990).** Efeitos da demetil alosamidina, um potente inibidor da quitinase da levedura, sobre a divisão celular da levedura. Agri. Biol. Quimiol. 54: 1333-1335.

195. **Bortone, K., Monzingo, A.F., Ernst, S., e Robertus, J.D. (2002).** A estrutura de um complexo de alosamidina com *Coccidiodos immitis* quitinase define um papel de um segundo resíduo ácido no mecanismo de substrato assistido. J. Mol. Biol. 320: 293-302.

196. **Loiseau, P.M., Bories, C. e Sanon, A. (2002).** O sistema de quitinase de *Trichomonas vaginalis* como um alvo potencial para a terapia antimicrobiana da tricomoníase urogenital. Biomed. Pharmacol. Terapia. 56 (10): 503-510.

197. **Wu, Y., Egerton, G., Underwood, A.P., Sakuda S., e Bianco, A.E. (2001).** Expressão e secreção de uma quitinase específica da larva (família 18 glicosil hidrolase) pelas fases infecciosas do nemátodo parasita *Onchocerca volvulus*. J. Biol. Chem. 276: 42557-42564.

198. **Gooday, G. W., Brydon, L.J. e Chappell, L.H. (1988).** Chitinase em *Onchocerca gibsoni* fêmea e a sua inibição por allosamidina. Mol. Biochem. Parasitol. 29: 223-225.

199. **Izumida, H., Imamura, N., e Sano, H. (1996).** Um inibidor de quitinase noval de uma bactéria marinha *Pseudomonas* sp. J. Antibiot. (Tóquio). 49: 76-80.

200. **Shiomi, K., Arai, N., Iwai, Y., Turberg, A., Koelbl, I e Omura, S. (2000).** Estrutura da argifina, um novo inibidor da quitinase produzido por *Gliocladium* sp. Terahedron Lett. 41: 2141- 2143.

201. **Arai, N., Shiomi, K., Yamaguchi, Y., Masuma, R., Iwai, Y., Truberg, A., Koelbl, H., e Omura, S. (2000).** Argadin, um novo inibidor de quitinase produzido por *Clonostachys* sp. F0-7314. Quimioterapia. Pharm. Bull. (Tóquio). 48: 1442-1446.

202. **Rao, F.V., Houston, D.R., Boot, R.G., Aerts, J.M.F.G., Hodkinson, M., Adams, D.J., Shiomi, K., Omura, S. e Van-Aalten, D.M.F. (2005).** Especificidade e afinidade do produto natural inibidor de ciclopentapéptidos contra *Aspergillus fumigatus*, quitinases humanas e bacterianas. Quimioterapia. Biol. 12: 65-76.

203. **Cohen, E. (1993).** Síntese e degradação da quitina como alvo da acção dos pesticidas. Arco. Insecto. Biochem. Fisiol. 22: 245-261.

204. **Shahabuddin, M., e Kaslow, D.C. (1993).** Chitinase, um novo alvo para bloquear a transmissão de parasitas. Parasitol. Hoje em dia. 9: 252-255.

205. **Fuhrman, J.A., Lane, W.S., Smith, R. F. Piessens, W.F., e Perler, F.B. (1992).** Os anticorpos de bloqueio da transmissão reconhecem a quitinase microfilarial na filariose linfática Brugien. Proc. Natl. Acad. Sci: USA. 89: 1548-1552.

206. **Raghavan, N., Freedman, D.O., Fitzgerald, P.C., Unnasch, T.R., Ottesen, E.A., e Nutman, T.B. (1994).** Clonagem e caracterização de uma quitinase potencialmente protectora como o antigénio recombinante de *Wucherria bancrofti*. Infect. Imun. 62: 1901-1908.

207. **Adan, R., Kaltmann, B., Rudin, W., Friedrich, T., Marti, T., e Lucius, R. (1996).** Identificação da quitinase como antigénio filariano imuno-dominante reconhecido por soros de roedores vacinados. J. Biol. Quimio. 271: 1441-1447.

208- **Harrison, R.A., Wu, Y., Egerton, G., e Bianco, A.E. (1999).** A imunização do ADN com *Onchocerca volvulus* chitinase induz uma protecção parcial contra a infecção por desafio com larvas L3 em ratos. Vacina. 12 (18): 647-655.

209. **Aerts, J., e Gerardus, M.F. (2005).** Quitinase humana, a sua produção recombinante, a sua utilização para a decomposição da quitina, a sua utilização em terapia ou profilaxia contra doenças infecciosas. Patente dos Estados Unidos 6896884 pp 1-37.www.freepatents online.com /6896884, html.

210. **Hollak, C.E.M., Weely, S.V., Vanoers, M.H.J. e Aerts, J.M.F.G. (1994).** Elevação marcada da actividade de chitoriosidase de plasma. Uma nova marca da doença de Gaucher. J. Clin. Invest. 93: 1288-1292.

211. **Barranger, J.A., e Ginns, E.L. (1989).** Glucosylceramide lipidoses: Doença de Gaucher. In: Seriver, C.R., Beaudet, A.L., Sly, W.S., Valle, D. Eds. A base metabólica da doença hereditária. Nova Iorque, Mc Graw-Hill: 1677-1698.

212. **Guo, Y., He, W., Farmer, A.M., Weavers, R.A., De-Bruin, A.M., Greener, J.E.M., Hollak, C.E.M., Aerts, J.M.F.G., Galjaard, H., e Van- Diggelen, O.P. (1995).** Elevação da actividade da quitriosidase plasmática em várias desordens de estrangulamento lisossomal. J. Herdar. Metab. Dis. 18: 717- 722.

213. **Choi, E.H. et al. (2001).** Polimorfismos genéticos em moléculas de imunidade inata e susceptibilidade à infecção com *Wuchereria bancrofti* no sul da Índia. Genes Immun. 2: 248-253.

214. **Laine, R.A., e L.O. W.C.J. (1998).** Diagnóstico de infecções fúngicas com uma quitinase. PCT. Int. Appl. WO 9802742 AI 22, (CA1998; 128: 86184).

215. **Pasztoi, M., Nagy, G., Geher, P., Lakatos, T., Toth, K., Pocza, P., Mercedesz, M., Falus, A., e Buzas, E.L. (2008).** Glicosidases sinoviais nas doenças das articulações. Coluna Óssea Articulada.75 (2):243

216. **Boot, R.G. et al. (1999).** Forte indução de membros da família das proteínas quitinase na aterosclerose: quitotriosidase e cartilagem humana gp-39 expressa em macrófagos lesionados. Arterioscler. Thromb. Vasc. Biol. 19: 687-694.

217. **Zhu, Z., et al. (2004).** Quitinase ácida de mamífero em asmática a inflamação e activação do caminho IL-13. Ciência. 304: 1678-1682.

218. **Mizoguchi, E. (2006).** A quitinase 3-like-1 exacerba a inflamação intestinal ao aumentar a adesão bacteriana e a invasão das células epiteliais do cólon. Gastroenterol. 130 (2): 398-411.

219. **Zhao, X. et al. (2007).** Variantes funcionais na região promotora da quitinase 3-like-1 (CHI 3L1) e susceptibilidade à esquizofrenia. Am. J. Hum. Genet. 80 (1): 12-18.

220. **Fusett, F. et al. (2002).** Estrutura das implicações da quitriosidase humana no desenho de inibidores específicos e função da quitinase de mamíferos como as lectinas. J. Biol. Quimio. 277: 25537-25544.

221. **Mylin,AK.,Rasmussen,T.,Johanssen,JS.,Knudsen,LM.,Norgaard,PH.,Lenhoff,S.,Dahl,I MS.,e Johnsen,HE.(2006).** Concentrações séricas de YKL-40 em doentes com myloma múltiplo recentemente diagnosticado e expressão de YKL-40 em plasmócitos malignos. Eur.J. Haematol.77:416- 424.

222. **Diefenbach, CS. et al. (2007).** O soro pré-operatório YKL-40 é um marcador para a detecção e prognóstico do cancro endometrial. Gynecol. Oncol. 104 (2): 435-442.

223. **Breiteneder, H. e Ebner, C. (2000).** Classificação molecular e bioquímica dos alergénios alimentares derivados de plantas. J. Alergia. Clin. Immunol. 106: 27-36.

224. **Sanchez- Monge, R., Blanco, C., Diaz- Perales, A., Collada, C., Carillo, T., Arangoncillo, C., e Salcedo, G. (1999).** Isolamento e caracterização dos principais alergénios da banana identificação de quitinases da classe I de fruta. Clin. Exp. Aller. 29: 673-680.

225. **Diaz-perales, A., Collada, C., Blanco, C., Sanchez-Monge, R., Carillo, T., Aragoncillo, C., e Salcedo, G. (1988).** As quitinases de classe I com domínio semelhante ao heveína, mas não as enzimas de classe II, são alérgenos relevantes de nozes do peito e abacate. J. Alergia. Clin. Immunol. 102: 127- 133.

226. **Kuepper, M., Bratke, K., e Virchow, J, C. (2008).** Chitinase-like protein and asthma.New England J.Med.358(10):1073-1075.

227. **Pan, X.Q., Shih, C.C., e Harday, J. (2005).** A quitinase induz lise de células MCF-7 em cultura e xenograft B11-2 de cancro da mama humano em ratos SCID. Res. anti-câncer 25 (5): 3167-3172.

228. **Molano, J., Polacheck, I., Duran, A e Cabib, E. (1979).** Uma endoquitinase da actividade de germes de trigo sobre a quitina nascente e pré-formada. J. Biol. chem. 254 (11): 4901-4907.

229. **Chrispeels, M.J. e Raikhel, N.V. (1991).** Lectinas, genes de lectina e o seu papel na defesa das plantas. Célula vegetal. 3: 1-9.

230. **Lerner, D.R. e Raikhel, N. (1992).** O gene da lectina de urtiga (*Urtica dioica* aglutinina) codifica tanto uma lectina como uma quitinase. J. Biol. Chem. 267: 11085-11091.

231. **Usui, T., Matsui, H., e Isobe, K. (1990).** Síntese enzimática de quitooligossacarídeos utilizando transglicosilação por enzimas quitinolíticas num tampão contendo sulfato de amónio. Carboidratos. Res. 203: 65-77.

232. **Kadawaki, S., Saskiawan, I., Watanabe, J. et al. (1997).** Actividade de transglicosilação de β- N - acetil hexosaminidase de *Penicillium oxalicum* e a sua aplicação à síntese de portador de drogas. J. Ferment. Bioeng. 83: 341-345.

233. **Stoyuchenko, I.A., Varlamov. V.P e Davankov, V.A. (1994).** Uma quitinase de *Streptomyces kurssanovii*: purificação e algumas propriedades Carboidratos. Polímero. 24: 47-54.

234. **Tsujibo, H., Kondo, N., Tanaka, K., Miyamoto, K., Baba, N., e Inamori, Y. (1999).** Análise molecular do gene que codifica uma nova enzima transglicosilática da estirpe 0-7 de *Alteromonas* sp. e o seu papel fisiológico no sistema quitinolítico. J. Bacteriol. 181 (17): 5461-5466.

235. **Nanjo, F., Ishikawa, M., Katsumi, R., e Sakai, K. (1990).** Purificação, propriedades e reacção de transglicosilação de β-N-acetyl hexosaminidase de *Nocardia orientalis*. Agric. Biol. Química. 54: 899-906.

236. **Pospieszny, H. e Atabekov, J.G. (1989).** Efeito do quitosano sobre a reacção hipersensível do feijão ao vírus do mosaico da alfafa. Paladar. Sci. 62: 29-31.

237. **Kochkina, Z.M., e Chirkov, S.N. (2000).** Efeito dos derivados de quitosano na reprodução de Colifagos T2 e T7. Mikrobiologüa. 69: 257-260.

238. **Gamasosa, M.A., Fazely, F., Koch, J.A., Vercellotti, S.V., e Ruprecht, R.M. (1991).** N-carboximetil quitosano N, O-sulfato como agente anti-HIV-1. Biochem. Biofísicos. Res. Comun. 174: 489-496.

239. **Choi, B.K., Kim, K.Y., Yoo, Y.J., Oh, S.J., Choi, J.H. e Kim, C.Y. (2001).** Actividade antimicrobiana in vitro da mistura de quitooligosacarídeos contra *Actinobacillus actinomycetemcomitans* e *Streptococcus mutans*. Inter. J. Antimicrob. Agentes. 18: 553-557.

240. **Kobayashi, M., Watanabe, T., Suzuki, S. e Suzuki, M. (1990).** Efeito da N-acetil-chitohexose contra a infecção por *Candida albicans* de ratos portadores de tumores. Microbiol. Imunol. 34: 413-426.

241. **Kendra, D.F. e Hadwiger, L.A. (1984).** Caracterização do mais pequeno oligómero quitosano que é maximamente antifúngico a *Fusarium solani* e elicita a formação de pisatina em *Pisum sativum*. Exp. Mycol. 8: 276-281.

242. **Liang, T.W., Chen, Y.J., Yen, Y.H. e Wang, S.L. (2007).** A actividade anti-tumor dos hidrolisados de material quitinoso hidrolisado por enzima bruta de *Bacillus amyloliquefaciens* V656. Process.Biochem.42 (4:527-534.).

243. **Matsugo, S., Mizuie, M., Matsugo, M., Ohwa, R., Kitano, H., e Konishi, T. (1998).** Síntese e actividade antioxidante de derivados de quitosano hidrossolúveis. Biochem. Mol. Biol. Inter. 44: 939-948.

244. **Park, P.J., Je, J.Y., e Kim, S.K. (2003).** Actividade de procura radical livre de quitooligossacarídeos por espectroscopia de ressonância de giroscópios de electrões. J. Agric. e Química Alimentar. 51: 4624-4627.

245. **Kanauchi, O., Deuchi, K., Imasato, Y., Shizukuishi, M., e Kobayashi, E. (1995).** Mecanismo para a inibição da digestão de gordura por quitosana e para o efeito sinérgico do ascorbato. Biosc. Biotecnologia. Bioquímica. 59: 786-790.

246. **Macchi, G. (1996).** Uma nova abordagem do tratamento dos efeitos da obesidade chitosana na redução do peso corporal e dos níveis de colesterol plasmático. Acta. Toxicol. Ter. 27: 303-320.

247. **Ta, H.T., Dass, C.R., e Dunstan, D.E. (2008).** Hidrogel de quitosano injectável para terapia do cancro localizado. J. Contr.Release.126(3):205-216.

248. **Okamoto, Y., Inoue, A., Miyatake, K., Ogihara, K., Shigemasa, Y., e Minami S. (2003).** Efeitos da quitina / quitosano e seus oligómeros/monómeros na migração de macrófagos. Macromol. Biosc. 3: 587-590.

249. **Akiyama, K., Kawazu, K., e Kobayashi, A. (1995).** Um novo método para a síntese quimio-enzimática de oligómeros quitosano-activos elicitorais e oligómeros de quitina parcialmente N-acetilados utilizando quitotrioses N-acetiladas como substrato num sistema de reacção de transglicosilação lisoenzimática. Carboidratos. Res. 279: 151-160.

250. **Okamoto, Y., Yano, R., Miyatake, K., Tomohiro, L., Shigemasa, Y., e Minami, S. (2003).** Efeito da quitina e do quitosano na coagulação do sangue. Carboidrato. Polímero. 53: 337-342.

251. **Park, P.J., Je, J.Y., e Kim, S.K. (2003).** Angiotensina I de conversão (ECA) de actividade inibitória de hetero-chitooligossacarídeos preparados a partir de quitosanas parcialmente diferentes. J. Agric. Química alimentar. 51: 4930-4934.

252. **Klokkevoid, P.R., Fukuyama, H., Sung, E.C., e Bertolami, C.N. (1999).** Os efeitos da quitosana (poli-N-acetil glucosamina) na hemostasia linguística em coelhos heparinizados. Inter. J. Oral.Maxillofacial Surg. 57: 49-52.

253. **Okamoto, Y., Kawakami, K., Miyatake, K., Morimoto, M., Shigemasa, Y., e Minami, S. (2002).** Efeitos analgésicos da quitina e do quitosano. Carboidrato. Polímero. 49: 249-252.

254. **Lee, S.H., Suh, J.S., Kim, H.S., Lee, J.D., Song, J.S. e Lee, S.K. (2003).** Avaliação da sinovectomia de radiação do joelho por meio de injecção intra-articular de complexo holmium-166- quitosano em pacientes com artrite reumatóide: Resultados no seguimento de 4 meses. Kor. J. Radiol. 4: 170-178.

255. **Casio, I.G., Fisher, R.A., e Carroad, T. (1982).** Bioconversão de resíduos de quitina de conchas de peixe: pré-tratamento de resíduos, produção de enzimas, concepção de processos e análise económica. J. Alimentação. Sci. 47: 901-911.

256. **Aloise, P.A., Lumme, M., e Haynes, C.A. (1996).** Produção de N-acetil-D- glucosamina a partir de resíduos de quitina utilizando quitinases de *Serratia marcescens*. In: Muzzarelli, RAA, editor. Chitin Enzymol. Vol.2 Grottammare: Eur. Chitin. Soc. pp.: 581-594.

257. **Revah-Moiseev, S., e Carroad, P.A. (1981).** Conversão do hidrolisado enzimático de resíduos de quitina de peixe de concha em proteína unicelular. Biotecnol. Bioeng. 23: 1067-1078.

258. **Vyas, P.R. (1991).** Estudos sobre enzimas quitinolíticas. Tese de doutoramento submetida à Universidade de Pune, Pune- Índia.

259. **Vyas, P.R., e Deshpande, M.V. (1991).** Hidrólise enzimática da quitina pelo complexo *Myrothecium verrucaria* chitinase e a sua utilização para produzir SCP. J. Appl. Gen. Microbiol. 37: 267-275.

260. **Wang, S.L., Yieh, T.C e Shih, I.L. (1999).** Purificação e caracterização de um novo composto antifúngico produzido por *Pseudomonas aeruginosa* K-187 num meio de pó de camarão e caranguejo. Enz. Microb. Technol. 25: 439-446.

261. **Wang, S.L., Yen, Y.H., Tsiao, W.J., Chang, W.T., e Wang, C.L. (2002).** Produção de compostos antimicrobianos por *Monascus purpureus* CCRC31499 usando camarão e caranguejo em pó como fonte de carbono. Enz. Microb. Technol. 31: 337-344.

262. **Bharati, V. (2005).** Utilização de resíduos miceliais para a produção de antibióticos por *Streptomyces fimbriatus* quitinolíticos. Tese de doutoramento em biotecnologia microbiana - Microbiologia divisão-A, Universidade Central - Santiniketan-731235-India.

263. **Richard, J., Meanwell, L., e Shama, G. (2008).** Produção de estreptomicina a partir de quitina utilizando *Streptomyces griseus* em bioreactores de diferentes configurações. Biores.Technol.99 (13):5634- 5639.

264. **Taguchi, F., Mizukam, N., Yamada, K., Hasegawa, K., e Saito-Taki, T. (1995).** Conversão directa de materiais celulósicos em hidrogénio por *Clostridium* sp. estirpe no.2. Enz. Microb. Technol. 17: 147-150.

265. **Evvyernie, D., Yamazaki, S., Morimoto, K., Karita, S., Kimura, T., Sakka, K., e Ohmiya, K. (2000).** Identificação e caracterização de *Clostridium paraputrificum* M-21, uma bactéria quitinolítica, mesófila e produtora de hidrogénio. J. Biosc. Bioeng. 89: 591-601.

266. **Lian, M., Lin, S., e Zeng, R. (2007).** Diversidade genética da quitinase numa estação de alto mar da província do nódulo do Pacífico Oriental. Extremófilos. 12 (4): 2-8.

267. **Miller, M., Palojavvi, A., Rangger, A., Reeslev, M., e Kjoller, A. (1998).** A utilização de substratos fluorogénicos para medir a presença e actividade fúngica no solo. Aplicação. Ambiente. Microbiol. 64: 613-617.

268. **Kelkar, H.S., Shankar, V., e Deshpande, M.V. (1990).** Isolamento rápido dos protoplastos de *Sclerotium rolfsii* e a sua potencial aplicação para hidrólise de amido. Enz. Microb. Technol. 12: 510-514.

269. **Vyas, P. e Deshpande, MV. (1989).** Produção de quitinase por *Myrothecium verrucaria* e a sua importância para a degradação de micélios fúngicos. J.Gen. Appl. Microbiol. 35: 343-350.

270. **Laine, R.A., e L.O. W.C.J. (1998).** Diagnóstico de infecções fúngicas com uma quitinase. PCT. Int. Appl. WO 9802742 AI 22, (CA1998; 128: 86184).

271. **Benhamou, N., e Asselin, A. (1989).** A tentativa de localização do substrato para quitinase em células vegetais revela abundantes resíduos de N-acetil-D-glucosamina em paredes secundárias. Biol. Células. 67: 341-350.

272. **Manocha, M.S. e Zhonoghua, Z. (1997).** Localização imunoquímica e citoquímica da quitinase e quitina no hospedeiro infectado do micoparasita biotrófico, *Piptocephalis virginiana.* Micologia. 89: 185-194.

273. **Sahai, A.S., Balasubramanian, R. e Manocha, M.S. (1993).** Estudo de imunofluorescência de fungos zigomíticos com duas sondas de ligação à quitina. Exp. Mycol. 17: 55-69.

274. **Barthomeuf, C., Regerat, F., e Pourrat, H. (1994).** Melhoria da recuperação de tanase utilizando a perturbação enzimática do micélio em combinação com a extracção inversa da enzima micelar. Biotecnol. Technol. 8: 137-142.

275. **Tarentino, A.L., e Maley, F. (1974).** Purificação e propriedades de uma endo- β-N-acetil glucosaminidase de *Streptomyces griseus*. J. Biol. Chem. 249 (3): 811-817.

276. **Tarentino, A.L., Plummer, T.H. J.R., e Maley, F. (1974).** A libertação de oligossacarídeos intactos de glicoproteínas específicas por endo-COPY3-N-acetyl glucosaminidase H. J. Biol. Chem. 249 (3): 818-824.

277. **Aerts, J., e Gerardus, M.F. (2005).** Quitinase humana, a sua produção recombinante, a sua utilização para a decomposição da quitina, a sua utilização em terapia ou profilaxia contra doenças infecciosas. Patente dos Estados Unidos 6896884 pp 1-37.www.freepatents online.com /6896884, html.

278. **Liming Zhao, (2019).** Oligossacarídeos de Chitin e Chitosan Bio-manufacture and Applications, ISBN 978-981-13-9401-0 ISBN 978-981-13-9402-7 (eBook), Springer Nature Singapore Pte Ltd. 2019,https://doi.org/10.1007/978-981-13-9402-7.

279. **Ben Amar Cheba, Taha Ibrahim Zaghloul, (2020).** Bacillus Sp. R2 Chitinase: Especificidade do Substrato, Estabilidade da Prateleira e Actividade Antifúngica, Manufactura de Procedimentos 46: 879- 884, https://doi.org/10.1016/j.promfg.2020.05.003.

280. **Ben Amar Cheba, (2020).** Chitosan: Propriedades, Modificações e Nanobiotecnologia Alimentar. ProcediaManufacturing46:652-658, https://doi.org/10.1016/j.promfg.2020.03.093.

281. **Ben Amar Cheba, Taha Ibrahim Zaghloul (2018).** Caranguejo desmineralizado e carapaça de camarão em pó: Meio rentável para Bacillus Sp. R2 de crescimento e produção de quitinase, Procedia Manufacturing 2018, Volume 22, 413-419.

282.   **Ben Amar Cheba, Taha Ibrahim Zaghloul, Ahmad Rafik El-Mahdy (2018).** Efeito das fontes de azoto e condições de fermentação na produção de quitinase de bacillus sp. R2. Procedia Manufacturing, Volume 22, Páginas 280-287.

283.   **Ben Amar Cheba, Taha Ibrahim Zaghloul (2017).** Luffa Pulp and Chitosan: Best Surfaces for Bacillus sp. R2 Cells Adsorption and Chitinase Production., Al-Jouf University Science and Engineering Journal - AUSEJ 4 (2), 7-11.

284.   **Ben Amar Cheba, Mohamad Hisham ELMassry Taha Ibrahim Zaghloul, Ahmad Rafik EL-Mahdy (2017).** Effect of Carbon Sources on Bacillus sp. R2 Chitinase Production, Advances in Environmental Biology ,11(3): 75-80.

285.   **Ben Amar Cheba, (2017).** Microbial Chitinases Production Optimization Using Classical and Statistical Approach (Review), Advances in Environmental Biology 11:2: 113-122.

286.   **BA Cheba, TI Zaghloul, MH EL-Massry, AR EL-Mahdy (2017).** kinetics properties of Marine Chitinase from Novel Red Sea Strain of Bacillus, Procedia Engineering 181: 146-152.

287. **Ben Amar Cheba, Taha Ibrahim Zaghloul, Ahmad Rafik EL-Mahdy, Mohamad Hisham EL-Massry, (2016).** efeito do pH e da temperatura na actividade e estabilidade da quitinase Bacillus sp. R2. Tecnologia de Procedia 22: 471-477 2016

288.   **BA Cheba, TI Zaghloul, MH EL-Massry, AR EL-Mahdy, (2016).** Efeito dos Iões Metálicos, Agentes Químicos e Solventes Orgânicos no Bacillus Sp. R2 Chitinase Activity, Tecnologia de Procedia 22: 465-470.

289.	**Cheba Ben amar, (2015).** Purificação microbiana das quitinases: Protocolos Convencionais e Estratégias Baseadas na Afinidade (Revisão). World Journal of Fish and Marine Sciences 7 (6), 458- 461.

290. **Djamel Eddine Aizi, Ben Amar Cheba, (2015).** Influência dos Resíduos Quitinosos na Comunidade Bacteriana do Solo: Efeito Biofertilizante e Actividade Antifúngica, Procedia Technology Volume 19, 2015, Páginas 965-971

291.	**Ben Amar Cheba, Taha Ibrahim Zaghloul, Ahmad Rafik El-Mahdy, Mohammad Hisham El-Massry, (2015).** Bacillus Sp. R2 Chitinase: Affinity Purification and Immobilization, Procedia Technology Volume 19: 958-964.

292.	**B.A. Cheba (2011).** Chitin e Chitosan: Biopolímeros Marinhos com Propriedades Únicas e Aplicações Versáteis. Global Journal of Biotechnology & Biochemistry 6 (3): 149-153.

293.	**B.A. Cheba, A.R. El-Mahdy, T.I. Zaghloul e M.H. El-Massry (2011).** Melhoria da Produção de Bacillus sp. r2 Chitinase Através da Imobilização Celular. ACT-Biotechnology Research Communications.1(1):8-13.

294.	**B.A. Cheba, A.R. El-Mahdy, T.I. Zaghloul e M.H. El-Massry (2009)** Chitinase purification and characterization from newly isolated marine Bacillus spp. R2. New Biotechnology, Volume 25, Suplemento 1, Setembro de 2009, Página S46.

295.	**Sougata Jana e Subrata Jana, (2019).** Quitosano funcional, administração de medicamentos e aplicações biomédicas . ISBN 978-981-15-0262-0 ISBN,978-981-15-0263-7 (eBook) Springer Nature Singapore Pte Ltd. https://doi.org/10.1007/978-981-15-0263-7

297. Enzyme Handbook ©Springer-Verlag Berlin Heidelberg 1991.

298. **Ayokunmi Oyeleye, e Yahaya M. Normi, (2018).** Chitinase: diversidade, limitações, e tendências na engenharia para aplicações adequadas. Biosci. Rep. 2018 Aug 31; 38(4): BSR2018032300.

299. **Qing Yang - Tamo Fukamizo, (2019).** Atingir Organismos contendo Chitin. ISSN 0065-2598 ISSN 2214-8019 (electronic)Advances in Experimental Medicine and Biology ,ISBN 978-981-13-7317-6 ISBN :78-981-13-7318-3 ,(eBook)https://doi.org/10.1007/978-981-13-7318-3 , Springer Nature Singapore Pte Ltd.

300. **Verena Seidel, (2008).** Quitinases de fungos filamentosos: um grande grupo de diversas proteínas com múltiplas funções fisiológicas. Revisões de Biologia Fúngica 2 2: 36-42.

Referências do sítio Web

a- http: //wwww. madeira. Uni- goettingen.de/ English/ Norway l.

html b- http://www.France-chitine.com/ epapier.html

c- http://www.swin.edu.au

d- http://palimpsest.Stanford:edu.

e- http://www.chitosan-weight-loss.net/

f- http://www.ijpe.org/jan2005/Article05page02.html

g- http://www.mindbranch.com/reports/pdfs/R263-590.pdf

h- http://www.stormingmedia.us

i- http://www.maximumyield.com/article189.html

j- http://www.egypt-bic.com / biotec-egubt.htm

k- http://homepage.ntlworld.com/john.easterby

l- http://www.americannutrition.com/store/chitosan.html

m- http://www.foodinfonet.com

n-https://www.researchgate.net/figure/Schematic-representation-of-different-plant-chitinases-adapted-from-

Collinge-et-al_fig1_9034086

I - Apêndice de Chitin

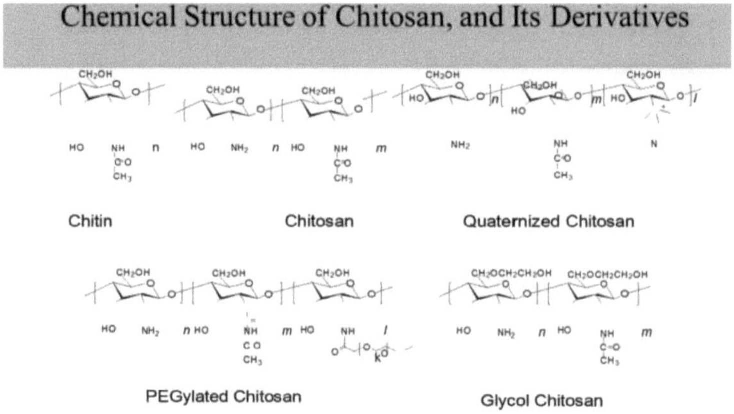

Chemical Structure of Chitosan, and Its Derivatives

Chitin

Chitosan

Quaternized Chitosan

PEGylated Chitosan

Glycol Chitosan

Chitin Crystalline Forms

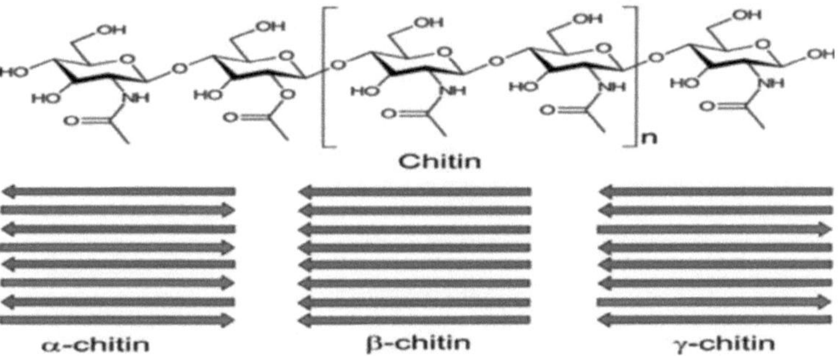

Chitin and Chitosan Chemical Preparation
What is Chitin/Chitosan?
Chitosan is a modified carbohydrate polymer derived from the
Chitin component of the shells of crustacean, such as crab, shrimp and cuttlefish.
Shrimp
Crab
Squid
Shellfish wastes from food processing
Decalcification in dilute aqueous HCl solution
Deproteination in dilute aqueous NaOH solution
Decolorization in 0.5% KMnO4 aq. and Oxalic acid aq. or sunshine
Chitin
Deacetylation in hot concentrated NaOH solution (40~50%)
Chitosan

Chitin / Chitosan Occurrence and Potential Sources

Shrimp, Crab, and Lobster Shells Proximate Composition (%)

Crustacean sample(%)	Moisture	CaCO3	Chitin	Lipid	Protein
Shrimp	11.67±0.21	33.67±0.45	21.61±0.14	1.92±0.51	27.23±0.34
Crab	10.94±0.32	36.34±0.23	18.83±0.09	4.54±0.61	25.98±0.28
Lobster	9.54±0.40	38.24±0.03	20.35±0.37	3.02±0.67	23.24±0.43

Crustacean Shell Chemo-composition

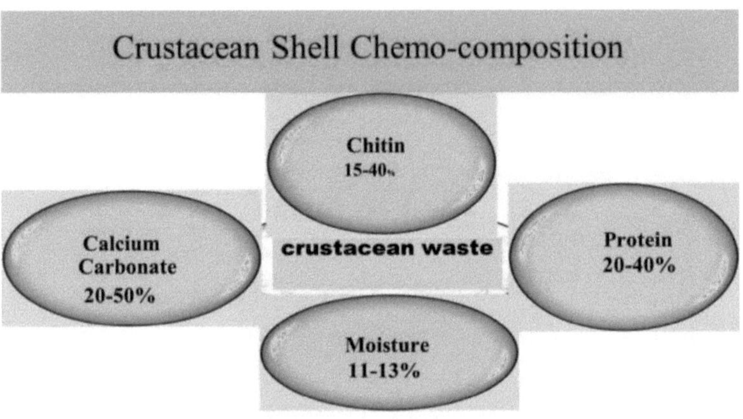

Chitin Production Flow Chart

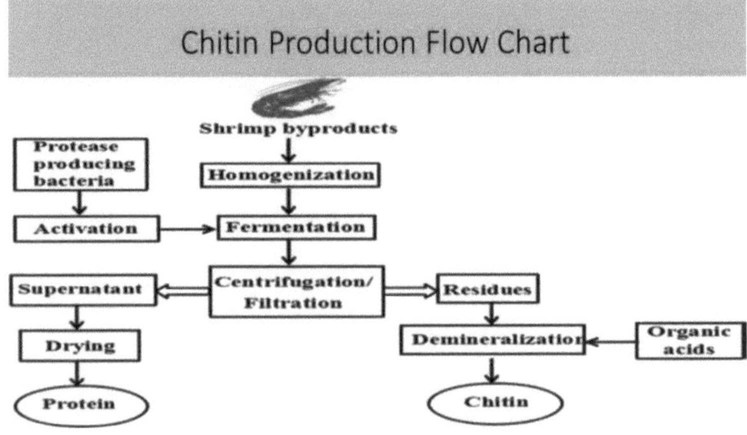

CHITOSAN MODIFICATIONS (Cheba,2020)

Modification methods	Modification techniques	Modifications types	References
Physical	Blending (mechanical mixing)	Chitosan blended with other hydrophilic polymers such as poly (vinyl alcohol) (PVA), poly (vinyl pyrrolidone) (PVP), and poly (ethyl oxide) (PEO)	[11.12]
Chemical	Chemical grafting - photochemical - radiation - plasma induced and enzymatic grafting (tyrosinase)	alkylation - acylation - acetylation - etherification - esterification methylation - N-succinylation - nitration - thiolation - hydroxylation - phosphorylation - fluorination - sulphonation - xanthation - carboxymethylation - hydroxypropylation - N-phthaloylation - sialylation - tosylation - Schiff's base formation and co-polymerization	[13-15]

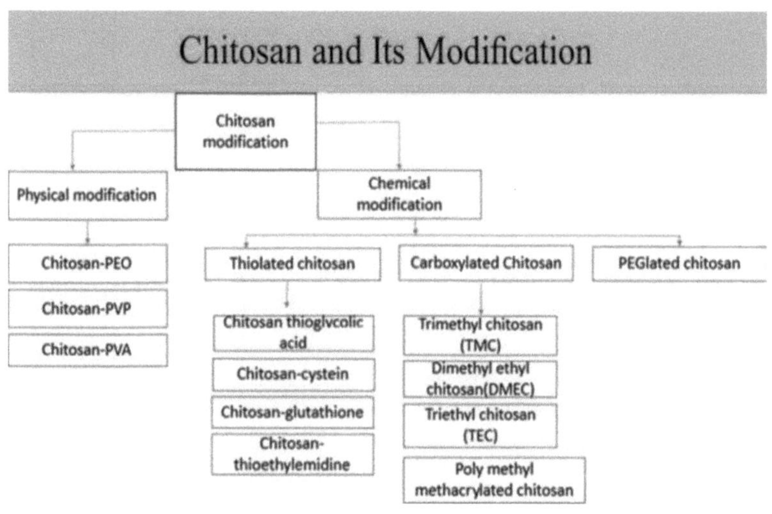

Quadro1. Diferentes copolímeros de enxerto de quitosano (D. Rahangdale et al.)

Sr. Não.	Quitosano funcionalizado	Monómero enxertado	Referência
1	Chitosan-graft-polyacrylonitrile	Acrilonitrilo	Pourjavadi et al. (2003)
2.	Chitosan-graft-(*N*- isopropilacrilamida)	N-Isopropil acrilamida	Kim et al. (2000)
3.	Chitosan-**modified poli (acetato de vinilo)**	Acetato de vinil	Don et al. (2002)
4.	Copolímeros de enxerto de quitosano com ácido acrílico acrílico acrílico acrílico/etil	Acrílico, ácido acrílico de metilo	Shantha et al. (1995)
5	Chitosano enxertado de poli (*N-vinil* imidazol)	N-Vinil imidazol	Caner et al. (2007)
6	Chitosan-graft-poly (dimetacrilato de trietilenoglicol)	Dimetacrilato de trietilenoglicol	Yilmaz et al. (2007)

7	Copolímero de enxerto de ácido acrílico (AA) e 2-hidroxietílico metacrilato	Ácido acrílico, 2-hidroxietilmetacrilato	Dos Santos et al. (2006)
8	Quitosano de ácido poliacrílico enxertado	Ácido acrílico	Yazdani-Pedram et al. (2000)
9	Chitosan enxertado poli (N, N-dimetil- N-methacryloxyethyl-N-(3-sulfopropil) amónio)	N, N'-Dimetil-N-metacriloxiethyl-N-(3-sulfopropil) amónio	Zhang et al. (2003)
10	Quitosano de acrilamida enxertado	Acrilamida	Rahangdale e Kumar (2018a)
11	Copolímeros de enxerto de maleoylchitosano e poli (ácido acrílico)	Ácido acrílico	Huang et al. (2006)
12	Chitosan-graft-poly (metacrilato de metilo)	Metacrilato de metilo	Singh et al. (2006)
13	Quitosano de ácido maleico enxertado	Ácido maleico	Hasipoglu et al. (2005)
14	Enxerto de poli (2-acrilamido-2-ácido metilpropano sulfónico) chitosan	Ácido 2-Acrilamida metilpropano sulfónico	Najjar et al. (2000)
15	Pirrolidona de vinilo quitosano enxertado	Pirrolidona de vinil	Yazdani-Pedram e Retuert (1997)
16	Quitosano de poliacrilamida enxertado	Acrilamida	Yazdani-Pedram et al. (2002)
17	Copolímero de copolímero de acrilato de 2-hidroxietil e quitosano	2-Hidroxietil acrilato	Mun et al. (2008)
18	Chitosano enxertado de poli (ácido acrílico-co-acrilamida)	Ácido acrílico e acrilamida	Mahdavinia et al. (2004)
19	Copolímero de enxerto de acrilonitrilo/metacrilato de metilo e quitosano	Acrilonitrilo e metacrilato de metilo	Prashanth e Tharanathan (2003)

Quadro 2. Aplicações alimentares Chitosan /Nano-chitosan. (Cheba,2020)

N	Aplicação alimentar	Alguns detalhes	Ref.
1	Purificação da água	-Remoção de iões metálicos, pesticidas, fenóis, corantes, TDT, PCB, proteínas, aminoácidos, óleos e massas lubrificantes - Membranas à base de quitosano para purificação da água - Nanocompósitos à base de quitosano para a desnitrificação da água - Floculante/coagulante - Filtração	[23-26]
2	Esclarecimento	-Esclarecimentos sobre o Juice, chá, cerveja e bebidas - β-Chitin e quitosano da aplicação de gladius de lula como agente clarificante para sumo de maçã - Chitosan-imobilizado pectinolítico com novas características catalíticas e potencialidades de clarificação do sumo de fruta	[27-29]
3	Preservação	A papaína microencapsulada com quitosano ou alginato manteve baixos valores mínimos de concentração inibitória após a submissão ao tratamento térmico, demonstrando a sua eficácia e potencial aplicação como bio conservante.	[30]
4	Estabilização de cor	- Redução do castanho não enzimático, deterioração da cor e retenção da qualidade nutricional e sensorial do produto durante a preparação e armazenamento. - A adição de quitosano poderia controlar o escurecimento enzimático no sumo de maçã.	[31,32]
5	Agentes emulsificantes	- A goma de milho-Bio-fibra (C-BFG) foi utilizada como emulsionante com quitosano. - A eficácia das partículas de quitosano na formação das emulsões de Pickering. - Nanopartículas de quitosano como emulsionante particular para a preparação de novas emulsões Pickering de pH-responsive e microcápsulas de PLGA - Partículas uniformes de alginato revestidas com quitosano como emulsionantes para a preparação de emulsões estáveis de Pickering com dependência de estímulos - Emulsões de óleo na água estabilizadas por partículas de nanocristal de quitina	[33-36]
6	Agente de espessamento	- Aumentar a viscosidade dos alimentos - Bebida de chocolate com leite utilizando chitosano modificado (hidrogel) como agente espessante, - Quitosano e alginato são dois polielectrólitos que podem ser utilizados como agentes espessantes na indústria alimentar,	[37-39]
7	Encapsulamento	Encapsulação de compostos bioactivos (óleo essencial, terpenos, carotenóides, e antocianinas polifenóis e probióticos) permitindo protecção à oxidação	[40]
8	Prolongamento da vida de prateleira	- A embalagem multicamadas de quitosano/pectina aumenta o prazo de validade do tomate - Revestimento de quitosano em fatias de manga e papaia que ajudou a aumentar a sua vida útil, retardando a perda de água e a queda na qualidade sensorial - Prolongamento da vida útil do bolo de arroz branco e macarrão molhado pelo tratamento com quitosana	[41-43]
9	Controlo de acidez	- Quitosano (CS) enriquecido com tratamento com ácido salicílico (SA) mantém significativamente a textura e a cor, inibe a perda de humidade e a mudança de acidez - Os revestimentos comestíveis (CE) à base de quitosano de ananás fresco cortado não afectaram a acidez titulável.	[44,45]

10	Floculante/coagulante	Preparação de tofu utilizando quitosano como coagulante para melhorar a vida de prateleira	[46]
11	Alimentação melhoria da qualidade	- Melhoria da qualidade sensorial, físico-química e microbiológica do pastirma (um produto tradicional de carne curada a seco) utilizando revestimento de quitosana - Acastanhamento enzimático de certos tipos de sumos, aumentando a aceitabilidade e a aparência	[47]
12	Alimentação melhoria da textura	- Efeitos do quitosano no teor de humidade, pH, cor e textura do macarrão de arroz plano	[48]
		- Efeito da adição de quitosano nas propriedades texturais da massa de fécula de batata doce	[49]
13	Embalagem de Alimentos Activos	- Transportar ingredientes funcionais adicionais (tais como antioxidantes e agentes antimicrobianos)	[50-52]
		- Retardar o crescimento microbiano e a descoloração potencial	
		- Nanobiocompósitos Bactericidas Ag/Chitosan para Embalagens de Alimentos Activos	
		-Nanopartículas de Cu coloidal / composto de quitosano	
		- Nanopartículas de fitato de quitosano e sódio como agente antibacteriano potente	
		- Filmes e revestimentos de quitosano incorporados com óleos essenciais sobre peixe, produtos de carne, frutas e vegetais.	
14	Revestimento comestível	- Reduzir a transferência de humidade, restringir a absorção de oxigénio, baixar a respiração, retardar a produção de etileno, exibir resistência à difusão de gordura e permeabilidade selectiva dos gases, selar em voláteis de sabor - Filmes e revestimentos comestíveis na conservação de frutos do mar	[53]
15	Controlo apodrecimento dos frutos após a colheita	- O quitosano de baixo peso molecular (LMWC) controla as doenças pós-colheita dos citrinos causadas por *Penicillium digitatum, P. italicum, Botrydiplodia lecanidion, e B. cinerea* após 14 dias	[54]
		- Efeito do revestimento de quitosana nas doenças pós-colheita e na qualidade dos frutos da manga (*Mangifera indica*)	
16	Antimicrobiano	CM e CN, micro e nanopartículas que demonstraram ser eficazes contra E. coli O157: H7, E. coli patogénica intra-uterina (IUPEC), *Vibrio cholerae, S.enterica, Klebsiella pneumoniae, E. col, S. choleraesuis, S. aureus. Streptococcus uberis.*	[55,56]
17	Antioxidante	-DPPH, ABTS, e os seus efeitos protectores sobre os eritrócitos humanos	[57,58]
		- Óxido Nítrico e Peróxido de Hidrogénio radical, ensaio FIC, ensaio FARP	
		- Peroxidação anti-lipídica	
18	Agentes anti-colesterol	- Redução dos níveis de colesterol lipoproteico de baixa densidade (LDL) e da sua capacidade de ligação às gorduras	[59,60]
		- A suplementação dietética de Chitosan mostra propriedades hipocholesterolemicas	
19	Anti-obesogénico	O chitosano de casca de camarão dietético apresenta um potencial anti-obesogénico através de alterações do apetite	[61]
20	Aditivos alimentares	- Os hidrogéis fabricados com quitosano são úteis para indivíduos intolerantes à lactose devido à **libertação controlada de β-** galactosidase	[62-64]
		- Os produtos de vinagre contendo quitosano têm capacidade para baixar o colesterol	
		- Nanopartículas de ácido quitosano-monometílico fumárico carregadas com nisina como aditivo alimentar directo	
21	Suplemento dietético	- A suplementação dietética de tiamina e de piridoxina carregada de ácido vanílico microesferas de quitosano melhora o desempenho de crescimento, as respostas metabólicas e imunitárias em ratos experimentais	[65-67]
		- A suplementação dietética de quitosano atenua o stress oxidativo induzido pela isoprenalina no miocárdio de ratos	
		- Quitosano e os seus derivados de oligossacarídeos (quito-oligosacarídeos) como suplementos alimentares na alimentação de aves de capoeira e suínos	

22	Alimentação Imobilização de enzimas	- Imobilização da glucose oxidase em membranas compostas porosas à base de quitosano e o seu potente utilização em biossensores	[68,69]
		- β-galactosidase imobilização em hidrogel de quitosano útil para a produção de alimentos sem lactose	
		- A pululanase imobilizada foi eficiente para o processamento contínuo do amido na indústria alimentar.	
23	Biossensores de alimentos	- Biosensor electroquímico à base de quitosano: Aplicação para determinação da acrilamida em amostras de alimentos	[70-72]
		- As proteínas encapsuladas retêm a sua bioactividade e a sua biosensagem	
		- Bio-nanocompostos xantina biosensor baseado em quitosano foram testados com peixe, carne de vaca, e frango - medições de amostras reais.	

DPPH: ensaio de 2, 2-difenil-1-picryhydrazyl radical scavenging, ensaio de potência antioxidante FRAP ferric redutor, ABTS: 2, 2'-ensaio de zinobis (3- etilbenzotiazolina-6-sulfonato).

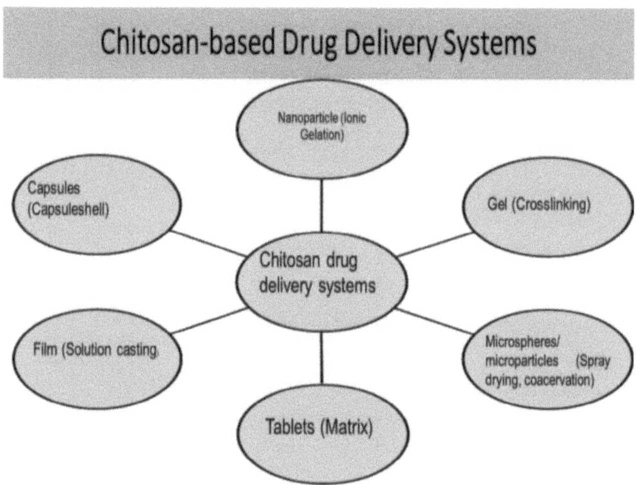

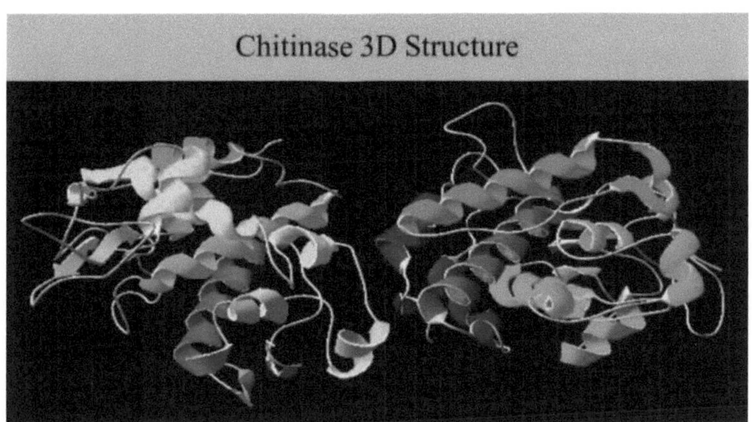

Chitinase Reaction and Specificity [291]

Catalyzed reaction	Chitin + H20 ——→ oligomers of N-acetylglucosamine (random hydrolysis of N-acetyl-beta0-glucosaminide 1 ,4-beta-linkages in chitin and chitodextrins)
Reaction type	0-Giycosyl bond hydrolysis (endohydrolysis)
Natural substrates	Shrimp or crab shell chitin , fungal Chitin , Lysis of Rhizopus cell walls.
Substrate spectrum	Chitin (deacylated chitosan, colloidal chitin ,chitin produced in reaction medium by chitin synthetase ,preformed chitin ,glycol chitin
	Chitosan (with different degree of deacylation)
	Chitooligosaccharides (tetramer or larger)
	N, N' -Diacetyl chitobiose
	3, 4-Dinitrophenyltetra-N-acetyl-beta-D-chitotetraoside

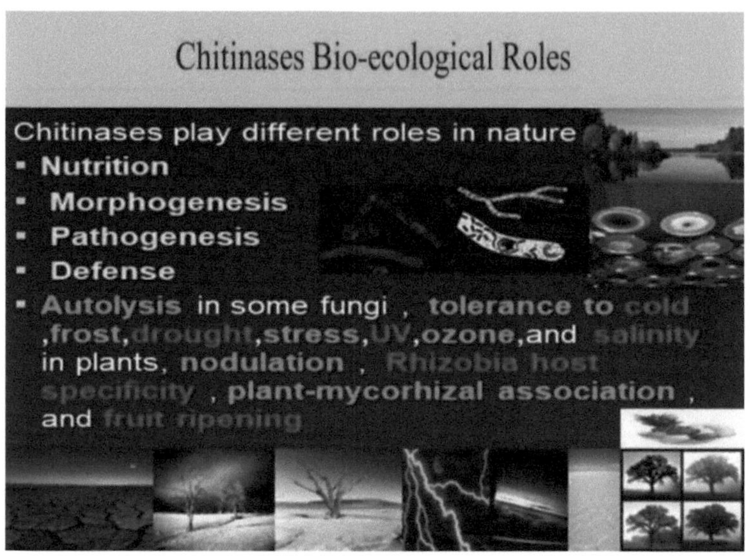

Human Chitinases Roles	
1	Cell proliferation
2	Differentiation
3	Inflammation
4	Protection against apoptosis
5	Stimulation of angiogenesis
6	Regulation of extracellular tissue remodeling

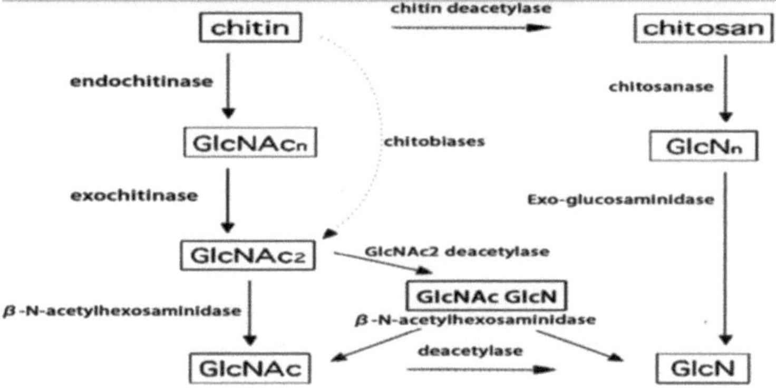

Chitinase Nomenclature [297]

EC. Number	3.2.1.14
Systematic name	Poly (1, 4-(N-acetyl-beta-D-glucosamine)) glycanohydrolase
Recommended name	Chitinase
Synonyms	Chitodextrinase
	1, 4-Beta-poly-N-acetylglucosaminidase
	Poly-beta-glucosaminidase
	Beta-1, 4-poly-N-acetyl glucosamidinase
	Poly-beta-glucosaminidase
	Endochitinase

<table>
<tr><td colspan="2">Chitinase Reaction and Specificity [297]</td></tr>
<tr><td>Catalyzed reaction</td><td>Chitin + H20 ⟶ oligomers of N-acetylglucosamine (random hydrolysis of N-acetyl-beta0-glucosaminide 1 ,4-beta-linkages in chitin and chitodextrins)</td></tr>
<tr><td>Reaction type</td><td>0-Giycosyl bond hydrolysis (endohydrolysis)</td></tr>
<tr><td>Natural substrates</td><td>Shrimp or crab shell chitin , fungal Chitin , Lysis of Rhizopus cell walls.</td></tr>
<tr><td rowspan="5">Substrate spectrum</td><td>Chitin (deacylated chitosan, colloidal chitin ,chitin produced in reaction medium by chitin synthetase ,preformed chitin ,glycol chitin</td></tr>
<tr><td>Chitosan (with different degree of deacylation)</td></tr>
<tr><td>Chitooligosaccharides (tetramer or larger)</td></tr>
<tr><td>N, N' -Diacetyl chitobiose</td></tr>
<tr><td>3, 4-Dinitrophenyltetra-N-acetyl-beta-D-chitotetraoside</td></tr>
</table>

Chitinases Classification Basis

source	Mode of action	Presence of Binding and catalytic domains	Amino acid sequence similarity
Virus	Exochitinase	Binding and catalytic	glycosyl hydrolases family GH18
Bacteria	Endochitinase	Binding non catalytic	glycosyl hydrolases family GH19
Archaea	B-n-acetyl glucosaminidase	Catalytic non-binding	glycosyl hydrolases family GH20
Fungi		Non-binding non catalytic	
Plant			
Animal			
Human			

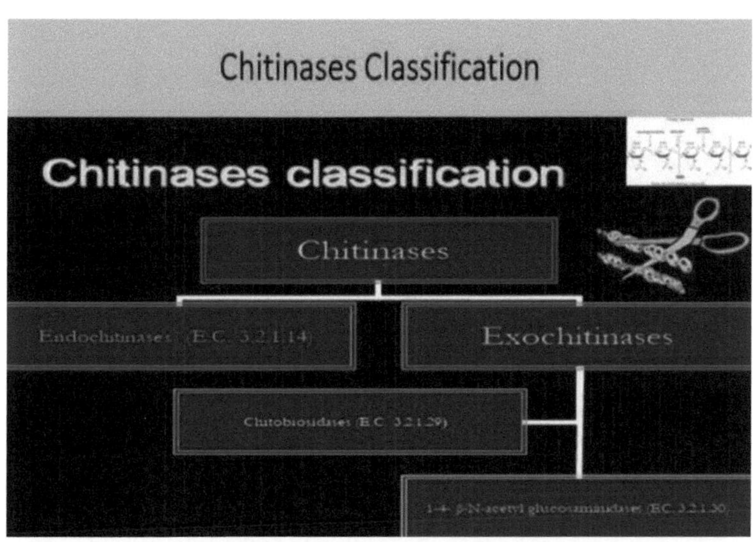
Chitinases Classification
Chitinases classification
Chitinases
Endochitinases (E.C. 3.2.1.14)
Exochitinases
Chitobiosidases (E.C. 3.2.1.29)
1→4 β-N-acetyl glucosaminidases (E.C. 3.2.1.30)

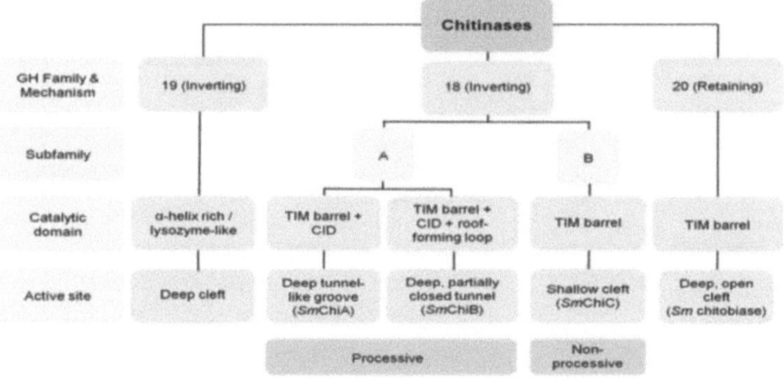
Bacterial Chitinases Classification Based on Active Site and Catalytic Domain Shape [298]
Chitinases
GH Family & Mechanism
19 (Inverting)
18 (Inverting)
20 (Retaining)
Subfamily
A
B
Catalytic domain
α-helix rich / lysozyme-like
TIM barrel + CID
TIM barrel + CID + roof-forming loop
TIM barrel
TIM barrel
Active site
Deep cleft
Deep tunnel-like groove (SmChiA)
Deep, partially closed tunnel (SmChiB)
Shallow cleft (SmChiC)
Deep, open cleft (Sm chitobiase)
Processive
Non-processive

Fungal Chitinases Domain organization.

SP, signal peptide. GH 18, glycoside hydrolase family 18, BD, binding domain.[300]

Subgroup A

Subgroup B

(Cellulose)-BD

Subgroup C

LysM-BD   Chitin-BD

Members of the seven classes of chitin synthases in different fungi[a]

Fungus	I	II	III	IV	V	VI	VII	Total
S. cerevisiae	Chs1	Chs2		Chs3				3
C. albicans	Chs2, Chs8	Chs1		Chs3				4
A. fumigatus	ChsA	ChsB	ChsC, ChsG	ChsF	ChsE	ChsH (XP_755676)	ChsD	8
A. nidulans	ChsC	ChsA	ChsB, ChsF	ChsD	CsmA	CsmB	ChsG	8
B. bassiana	Chs3	Chs2	Chs1	Chs4	Chs5	Chs6	ChsD	7
B. cinerea	ChsI	ChsII	ChsIIIa, ChsIIIb	ChsIV	ChsV	ChsVI	ChsVII	8
M. oryzae	Chs3	Chs2	Chs1	Chs4	Chs5	Chs6	ChsD	7
N. crassa	Chs3	Chs2	Chs1	Chs4	ChsC	Chs6	ChsD	7
T.harzianum	Chs3	Chs2	Chs1	Chs4	ChsC	Chs6	ChsD	7

Quadro 3. Diversidade das quitinases (fontes)

Vírus
Autographa californica
o vírus
Bombyx mori virus
(BmNPV) Baculovirus
Chlorella virus *CVK2*
Helicoverpa armigera

Bacteria
Achromobacter sp.
Acinetobacter sp.
Aeromonas caviae
Aeromonas hydrophila
Aeromonas schubertii
Alcaligenes
xylosoxydans
Alginomonas sp.
Alteromonas
haloplanktis
Alteromonas sp.
Bacillus brevris
Bacillus cereus
Bacillus circulans
Bacillus licheniformis
Bacillus megaterium
Bacillus pabuli
Bacillus
stearothermophilus
Bacillus subtillus
Bacillus thuringiensis sp.
aizawai
B. t. ssp. *candensis*
B. t. ssp. *caucasicus*

B. t. ssp. *dendrolimus*
B. t. ssp. *finitimus*
B. t. ssp. *galeriae*
B. t. ssp. ssp. *kurstaki*
B. t. ssp. *morrisoni*
B. t. ssp. *Paquistanês*
B. t. ssp. *tolworthi*
Burkholderia cepacia
Burkholderia gladioli
Carnobacterium
divergens
Carnobacterium
maltaromaticum
Cellvibrio mixtus
Cellulomonas flavigena
Chitinibacter
taiwanensis
Chitinimonas
taiwanensis
Chitinophaga pinensis
Chromobacterium
violaceum
Clostridium
chitinophilum
Clostridium
paraputrificum
Clostridium
thermocellum
Cytophaga sp.
Enterobacter aerogenes
Enterobacter
agglomerans
Enterobacter cloacae
Ewingella americana

Flavobacterium
johnsoniae
Flavobacterium
miningosepticum
Francisella tularensis
Haloanaerobacter
chitinovorans
Janthinobacterium
lividum
Kurthia zopfii
Lasobacter sp.
Ligionella pneumophila
Lysobacter sp.
Microbulbifer degradans
Maltophilia sp.
Pantoea dispersa
Photobacterium sp.
Paenibacillus
illinoisensis
Paenibacillus
lentimorbis
Pseudoalteromonas sp
Pseudoalteromonas
pessida Pseudomonas
aeruginosa
Pseudomonas corrugata
Pseudomonas
fluoresecens
Orgânico tipo
Rickettsia
Salinivibrio costicola
Sanguibacter sp.
Serratia liquefaciens

Serratia marcescens
Serratia phymuthica
Stenotrophomonas
Streptococcus pneumoniae
Streptococcusmilleri
Thermococcus chitinophagus
Thermococcus kodakaraensis
Vibrio alginolyticus
Vibrio carchariae
Vibrio cholerae
Vibrio furnissii
Vibrio harveyi
Vibrio proteolyticus
Vibrio vulnificus
Xanthomonas maltophilia

Archaea
Pyrococcus furiosus

Actinomycetes
Arthrobacter sp.
Nocardia orientalis
Nocardiopsis prasina
Streptomyces albidoflavus
Streptomyces albovinaceus
Streptomyces antibiótica
Streptomyces aureofaciens
Streptomyces cellulosae
Streptomyces cinereoruber
Streptomyces coelicolor
Streptomyces erythraeus
Streptomyces fimbriatus

Streptomyces griseus
Streptomyces hygroscopicus
Streptomyces kurssanovii
Streptomyces lividans
Streptomyces lydicus
Streptomyces olivaceoviridis
Streptomyces orientalis
Streptomyces peucetius
Streptomyces plicatus
Streptomyces thermodiastaticus
Streptomyces thermoviolaceus
Streptomyces violaceus niger
Streptomyces viridificans

Leveduras
Candida albicans
Kluyveromyces lactis
Pichia guilliermondii
Saccharomyces cerevisiae

Fungos
Acremonium abclavatum
Agaricus bisporus
Aphanocladium album
Aspergillus carneus
Aspergillus flavus
Aspergillus fumigatus
Aspergillus nidulans
Aspergillus orizae
Beauveria bassiana
Choanephora cucurbitarum
Coccidiodes immitis
Colletotricum

glaeosporioides
Coprinus lagopus
Fusarium chlamidosporium
Gliocladium virens
Hisutella thompsonii
Isaria japonica
Metarhizium anisopliae
Monascus purpureus
Moniliophtora perniciosa
Mucor mucedo
Mucor rouxii
Myrothecium verrucaria
Neurospora crassa
Nomurea rileyi
Penicillium aculeatum
Penicillium chrysogenum
Penicillium janthinellum
Penicillium oxalicum
Phascolomyces articulosus
Phycomyces blakesleeanus
Piptocephalis virginiana
Rhizopus oligosporus
Stachybotrys eleggans
Trichoderma aggressivum
Trichoderma hamatum
Trichoderma harzianum
Trichoderma reese
Trichoderma veride
Verticillium alboatrum
Verticillium chlamidosporium
Verticillium lecanii
Verticillium suchladsporium

Plantas

Allium porrum (alho)
Allium tuberosum
Arabidopsis thaliana
Arachis hypogaea
(amendoim)
Beta vulgaris
(beterraba sacarina)
Brassica oleracea
(couve) *Castanea*
sativa (castanha)
Citrus limon (limão)
Citrus sinensis (laranja)
Cucumis sativus
(pepino) *Dancus carota*
(cenoura)
Glycine max (feijão de
soja) *Gossypiun*
hirsutum (algodão)
Bagas de uva
Havea brasiliensis
Hordium vulgaris
(cevada)
Imopoea batatas
(batata-doce)
Lycopersicum
esculentum (tomate)
Medicago truncatula
Musa acuminate
(banana)
Nepenthes
alata(carnívoro)
Nicotiana tobaccum
(tabaco)
Oryiza *sativa*
(arroz)
Parthenocissus
quinquifolia
Persea americana
(abacate)
Phaseolus vulgaris

(feijão)
Picea abies (abeto)
Pinus sylvestris
Pteris rynkynis
(samambaia)
Sesbania rostata
Solanum tuberosum
(batata)
Sorghum bicolor
(sorgo)
Tamarindus
indica(tamarin)
Triticum aestvium
(trigo)
Urtica dioica (urtiga)
Vistis vinifera (uva)
Wasabia japonica
Zea mays (sementes de
milho)

Protozoá
rios de
Animais
Entamoeba invadens
Leishmania donovan
Leishmania mexicana
Plasmodium falciparum
Plasmodium
gallinaceum
Trichomonas foetus
Trichomonas vaginalis
Trypanosoma cruzi
Vermes
Acanthocheilonema
viteae
Ascaris suum
Bombyx mori
Brugia malayi
Brugian microfilarize
Caenorhabditis elegans
Heligmosomoides
polygyrus
Leucania separa

Manduca sexta

111

Onchocerca gibsoni
Onchocerca volvulus
Wuchereria bancrofti
Insectos
Aedes aegypti
Dermatophgoides farinae
Dermatophgoides pteronyssinus
Drosophila kc
linha celular
Lucilia cuprina
Stomoxy calcitras
Tribolium castaneum
Tenebrio molitor
Crustáceos
Artemia sp.(artémia) (camarão em salmoura)
Carcinus maenas (caranguejo)
Euphausia superba (krill)
Homarus americanus (lagosta)
Penaeus japonicus (camarão)
Penaeus monodon (camarão)
Penaeus vannamei (camarão)
Moluscos
Crassosterea gigas (ostras)
Saliva de polvo
Peixes
Anguilla japonica
Oreochromis niloticus
Salmon gairdneri
Turbot scophthalmus maximus
Amphibians
Bufo japonicus (sapo)
Répteis

Sceloporus undulatus garmani (lagarto)
Mamíferos
Soro de
bovino Soro
de cabra
Rato cancro da
mama *Perodicticus
potto* (primata
prosimiana) Rato

Humano
Macrófagos alveolares
Condrócitos
articulares Cartilagem
pulmonar asmática
Células Conjuntivas
Eritrócitos
Fibroblastos
Fibroblastos Tracto
gastrointestinal
Granulócitos
Glândulas lacrimais
Eosinófilos
Leucócitos
Linfócitos
Macrófagos
Monócitos Metástáticos
do cancro da mama
Células epiteliais
nasais Neutrófilas
Carcinoma do
ovário Cancro do
pâncreas Plasma
Células epiteliais
respiratórias
Baço
de
soro
Células
sinoviais
Trombócitos
Carcinoma

uterino do colo
uterino

Quadro 4. Genes clonados e sequenciados da quitinase

Fonte dos genes	Anfi trião	Genes clonados
Bactérias		
Aeromonas caviae	*E. coli*	chiA *
Aeromonas hydrophila	*E. coli*	Chitinase
Aeromonas hydrophila e pseudomonas moltophila	*Bacillus thuringiensis* var *israeliensis*	Chitinase (CTS)
Aeromonas sp. 10S-24	*E. coli*	Aglomerado de genes da quitinase
Alteromonas sp. estirpe 0-7	*E. coli*	(chiA, chiB, chic) *
Bacillus cereus	*E. coli*	Chi 36 (exochitinase)
Bacillus cereus 28-9	*E. coli* XL-1- Azul	(chi CH, chi CW) *
Bacillus circulans C-2 e WL-12	*E. coli*	chiA1b, chiD *
Bacillus licheniformis	*Bacillus thuringiensis*	Quitinase, quitinase (TP1)
Bacillus sp. NCTU2	---	chiA [a*]
Bacillus thuringiensis serovar *alesti*	*E. coli*	Chitinase
Bacillus thuringiensis serovar *israeliensis*	*B. thuringiensis* serovar. *israelensis*	Genes quitinase
Bacillus thuringiensis sub. sp. *pakistani*	*E. coli* DH 5α	Chi A71 *
Clostridium paraputrificum	*E. coli*	chiB
Enterobacter agglomerans	*E. coli*	Endocitinase (chiA) *
Janthinobacterium lividum	*E. coli*	Chitinase
Kurthia zopfii	*E. coli*	Chi SH1
Microbulbifer degradans 2- 40	*E. coli* tuner DE3	chiB [a*]
Pseudoalteromonas sp. estirpe S91	*E. coli*	(chiA, chiB, chiC, chip, chiQ)*
Pseudomonas sp. YH5-A2	*E. coli*	chiA *
Pyrococcus Kodakaraensis	*E. coli*	PK-chiA
Salinivibrio costicola estirpe 5SM-1	*E. coli* DH 5α	chique *
Serratia liquifaciens	*E. coli* RR1	2 quitinases (A, B), quitobiase (C), gene negulatoiy (D, E)
Serratia marcescens	*Sinorhizobium meliloti*	chiA
Serratia marcescens	*Trichoderma harzianum*	Gene quitinase

Serratia marcescens	*E. coli*	2 quitinases, chiA, quitobiase

Fonte dos genes	Anfi trião	Genes clonados
Serratia marcescens	*Pseudomonas fluorescens*	chiA
Serratia marcescens BJL 200	*E. coli* DH 5α	chiA *
Thermococcus chitinophagus	*E. coli*	Tc-chi 70b
Vibrio carchariae	*E. coli*	chiA *
Vibrio furnissii	*E. coli*	N acetil glucosaminidase (exo II, endo I
Vibrio harveyi	*E. coli*	Genes quitinase
Vibrio sp. estirpe Fi : 7 (psicrotolerante)	*E. coli*	chiA
Vibrio vulnificus	*E. coli DH1*	Chitinase e chitobiase genes
Actinomycetes		
Streptomyces griseus HUT 6037	*E. coli* JM109	chiC 1 *
Streptomyces lividans 66	*E. coli* JM109	chiA, chiB, chiC, chiD
Streptomyces peucitius	*E. coli*	Gene quitinase [b*]
Plicatus de Streptomyces	*E. coli* NM538	Chitinase - 63 *
Streptomyces sp. J-13-3	*E. coli*	Gene quitinase
Streptomyces thermoviolaceus OPC-520	*E. coli*	Gene quitinase
Leveduras		
Candida allicans	*E. coli*	Quitinase (CHT 1)
Fungos		
Álbum de Aphanocladium	*Trichoderma reesei, E. coli*	Endochitinase
Aspergillus nidulans	*E. coli*	chiA
Coccidioides immitis	*E. coli*	2 quitinases (CTS1, CTS2)
Nomuraea rileyi	---	Chit R4 *a
Metarhizium anisopliae	*E. coli*	Chit1, chi 2, chi 3
Rhizopus oligosporus	*E. coli, Tabaco*	Genes quitinase *
Trichoderma hamatum	*Trichoderma hamatum*	Endocitinase (Than - ch)
Plantas		
Arabidopsis thaliana	---	Genes básicos e ácidos das quitinases [a]
Glycine max (revestimento de	---	Chitinase [a]

| sementes de soja) | | |

Fonte dos genes	Anfi trião	Genes clonados
Hordium vulgare (cevada)	*Tabaco, E. coli*	Quitinase, Endocitinase
Oryiza sativa (arroz)	*E. coli*	Chitinase (Rcht 2)
Phaseolus vulgaris (feijão)	*E. coli*	Endochitinase
Pisum sativum (ervilha)	*NA*	Chitinase
Zea mays (semente de milho)	*NA*	Quitinases
Animais		
Protozoa		
Leishmania donovani	*E. coli*	Ld CHT1
Minhocas		
Brugia malayi (Microfilarias)	*E. coli*	(chi)
Insectos		
Anopheles gambiae	*NA*	Agchi-1
Bombyx mori	*NA*	Bmchi-h
Chironomus tentans	*NA*	Chitinase
Choristoneura fumiferana	*NA*	Slchi
Glossina moristans	---	Gchi1*a
Lutzomyia longipalpis	*NA*	L1chit [1a]
Manduca sexta	*NA*	Gene quitinase*
Spodoptera litura	*E. coli*	Slchi
Humano		
Macrófago *Homo sapiens*	*E. coli* MC106 / p3	Gene da quitotriosidase*

a: clonagem por PCR
b: Expresso em excesso
*: Gene sequenciado
NA: Dados não disponíveis

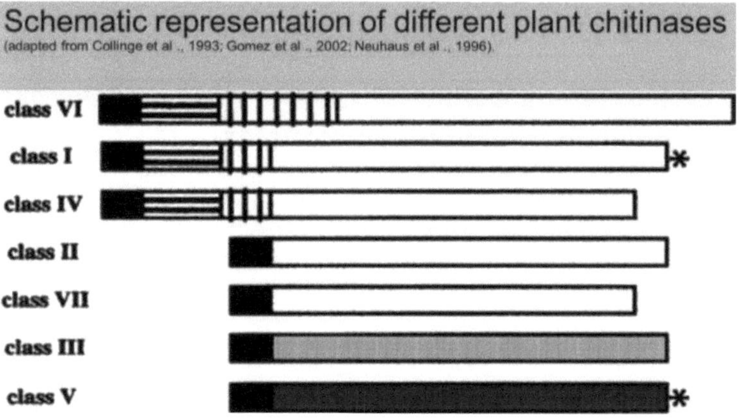

Human Chitinases Types	
1	Chitotriosidase
2	AMCase (true enzymes which hydrolyze chitin)
3	chitinase 3-like-1 (CHI3L1)
4	YKL-40, YKL-39
5	stabilin-1-interacting chitinase-like protein (SI-CLP)
6	oviduct-specific glycoprotein and murine YM1/2 (chitolectins lacking the hydrolytic activity).

Human Chitinases Sources
1	Macrophages
2	Neutrophils
3	Epithelial cells
4	Vascular smooth muscle
5	Chondrocytes
6	Synovial cells and tissues
7	Cancer cells
8	Inflammatory cells
9	Stem cells and circulation

Diseases and Cancers with Elevated Chitinases Levels	
Diseases	**rheumatoid arthritis,** osteoarthritis, psoriatic arthritis, **psoriasis** vulgaris and pustular psoriasis, **rhinitis,** rhinosinusitis, inflammatory **bowel disease**, hepatic fibrosis and **cirrhosis**, the inherited lysosomal storage **Gaucher** disease, asthma, **diabetes** ,atherosclerotic, multiple **sclerosis**, bacterial septicemia, **fungal** infections ,**schizophrenia**...)
Cancers	**adenocarcinomas**, small cell lung carcinoma, **glioblastoma,** Glioma, Acute myeloid **leukemia**, melanoma, **astrocytoma,** Renal Cell Carcinoma, **Esophageal squamous cell carcinoma** (ESCC), multiple myeloma ,and **Hodgkin lymphoma**, gastric cancer, **colorectal** cancer, endometrial cancer ,**breast** cancer, **ovarian** cancer...)

Mammalian Chitinases In Inflammatory Disorders And Cancers

Disorders	Location	Chitinase type
Acute myocardial infarction	Heart	CHI3L3, CHI3L1
Coronary artery disease		CHIT1
Chronic hepatitis C, LC	Liver	CHI3L1
Fatty liver disease		CHIT1
Gaucher disease	Systemic	CHIT1
Conjunctivitis	Eye	AMCase
Bronchial asthma	Airway	CHI3L1, AMCase, Ym1
Bacteremia with *S. pneumoniae*		CHI3L1
Encephalitis	Brain	CHI3L1
Meningitis		CHI3L1
Alzheimer's		CHI3L1
breast cancer	breast	CHI3L1, **YKL-40**
colorectal cancer	colon	CHI3L1
osteoarthritis		YKL-39
mechanical stress		CHI3L1
endometrial cancer.	uterus	YKL-40
Helicobacter gastritis	GI tract	CHI3L1, CHIT1

Currículo

Chitina, um homopolímero β- (1-4) de N-acetil-D-glucosamina (GLc NAc), é o segundo polissacarídeo mais abundante na natureza depois da celulose. É um componente estrutural importante da maioria dos sistemas biológicos, tais como moluscos, insectos, crustáceos e fungos. A quitina e os seus derivados são de interesse comercial e biotecnológico devido às suas diversas actividades biológicas e à sua vasta gama de aplicações em campos que vão desde o tratamento de águas residuais a utilizações agroquímicas e biomédicas.

As quitinases (EC3.2.1.14), que hidrolisam as ligações glucosídicas de quitina β-1,4, estão amplamente distribuídas no mundo orgânico e têm recebido uma atenção crescente nas últimas duas décadas devido à sua gama mais vasta de aplicações biotecnológicas, particularmente nos sectores agrícola, médico e ambiental.

Neste livro discutimos quitina, quitosana e quitinases, química, propriedades e produção, e resumimos todas as suas possíveis aplicações biotecnológicas.

ملخص

الكيتين ، بوليمر متجان س س مكون من (4-1) -β -D - N-acetyl الجلوكوزامين (GLc NAc)، وهو ثاني بعد سكر معقد وفرة وفرة في الطبيعة بعد السليلوز إنه مكون هيكلي رئيسي لمعظم لمعظم النظم البيولوجية البيولوجية مثل الرخويات والحشرات والقشريات والفطريات. يعتبر الكيتين مياه ومشتقاته ذو أهمية تجارية وبيوتكنولوجية نظرًا نظرًا لفعالياته البيولوجية البيولوجية و تطبيقاته تطبيقاته في مجالات مجالات من معا لجة لجة لجة مياه إلى الاستخدامات الكيموزراعية المختلفة الحيوية .

إنزيمات الكيتينيز (EC.3.2.1.14)، التي التكنولوجيا تحلل مائيا الروابط الجلايكوسيدية بيتا 1 - 4 للكيتين تطبيقاتها ، يتم الماضيين توزيعها نطاق واسع متزايد متزايد العوالم على وقد الواسع متزايد متزايد خلال خلال خلال بسبب بسبب نطاق تطبيقاتها تطبيقاتها والبيئية خاصة خاصة خاصة خاصة خاصة في العقدين والبيئية .

نناقش في هذا وإنزيمات الكتاب مركبات من الكيتين جميع والكيتوزان في الكيتيناز من حيث الكيمياء والخصائص والإنتاج ، ، كما نلخص التكنولوجيا تطبيقاتها الممكنة في مجال التكنولوجيا الحيوية .